百年兽大，谁说远去？

BAINIAN SHOUDA
SHUISHUO YUANQU

饶家辉　编著

百　年　兽　大　，　谁　说　远　去　？

U0247095

中国农业出版社
北京

图书在版编目（CIP）数据

百年兽大，谁说远去？／饶家辉编著. —— 北京 ：中国农业出版社，2019.12
　ISBN 978-7-109-26071-9

　Ⅰ．①百… Ⅱ．①饶… Ⅲ．①吉林大学－兽医学－教育史 Ⅳ．①S8-4

中国版本图书馆CIP数据核字(2019)第243167号

中国农业出版社

地址：北京市朝阳区麦子店街18号楼
邮编：100125
责任编辑：张艳晶
版式设计：刘亚宁　　责任校对：刘飔雨
印刷：北京通州皇家印刷厂
版次：2019年12月第1版
印次：2019年12月北京第1次印刷
发行：新华书店北京发行所
开本：787mm×1092mm　1/16
印张：7
字数：110千字
定价：70.00元

中国人民解放军兽医大学组建于 1953 年 1 月，是新中国唯一的一所军事兽医高等学校，其前身是 1904 年 12 月创建的北洋马医学堂，其创建人是中国现代军医之父，给慈禧太后做过手术的一品京官徐华清先生。他奉诏在河北保定建立北洋马医学堂，自此，掀开中国现代兽医教育的序幕。

军事兽医教育作为一支独立的兽医高等教育力量，其历史连续、完整且系统。尽管北洋马医学堂——陆军兽医学校——解放军兽医大学——农牧大学——军需大学，数更校名，数迁校址，但军事兽医教育并没有因为中国院校大调整而中断，也没有因为军队变革而消失，一直作为一支独立且重要的兽医力量，承担着国家和军队畜牧兽医领域的急难险重任务。2004 年 8 月 9 日，根据中央军委命令，解放军军需大学退出部队序列，与吉林大学合并，至此，结束近百年的军事兽医教育历史，转入地方，加入我国普通高等教育行列。

回首这所百年兽医高校走过的漫漫历程，它起步于清廷，成长于民国，发展于新中国，是名副其实的"三朝"学府。百年前的神州大地狼烟四起，百姓家破人亡，中华民族风雨飘摇。百年兽大的先贤们与中国其他革命志士一样，策马扬鞭，举校为战，用血肉之躯，再筑万里长城。让一个崭新的中国在鲜血烈火中涅槃重生。百年兽大，它见证了中国从支离破碎到民族大团结，从受尽屈辱到繁荣富强，从农耕散养到现代农业。可以说百年兽大的历史，同样是一部记录着中国从封闭到开放、从落后到兴旺的伟大历史；同样镌刻着兽医们为追寻国家独立与民族复兴的伟大梦想。

115 年的历史长河中，东方"神兽"，没有沉睡。无论是在争取民族解放和独立，还是在中国革命、建设和改革的历史画卷中，都写下了极为动人和精彩的篇章。尽管也时有奔腾激荡，时有婉转静淌，时有惊

1

涛骇浪，时有静谧无语，但静谧中的每一天都在积聚和孕育。激荡出的每一朵浪花都是中华兽医传唱的故事；流淌中的每一个音符都是兽医英才响彻世界的赞歌。

中华人民共和国成立初期，百废待兴、百业待举。兽医先辈们以韦编三绝、悬梁刺股的毅力，以凿壁借光、囊萤映雪的劲头追赶世界科技前沿，突破国际技术封锁，填补了无数个科技空白。抗美援朝、援越击印，战马潇潇，铸就永恒；援非治疫、SARS肆虐时，一马当先，堪当大任。祖国哪里最需要，兽大就在哪里！正如教育部原常务副部长张保庆同志所说的那样，解放军兽医大学为中国畜牧兽医事业发展立下了卓著功勋。

百年兽大，先后诞生了我国西兽医学的开拓者朱宣璋，现代家畜内科学及兽医临床诊断学奠基人崔步瀛、贾清汉，现代马政和马匹育种奠基人崔步青，现代生物制品事业杰出奠基人齐长庆，兽医免疫学开创者杨本升等一大批兽医杰出人才；培养了新中国第一位兽医学博士，第一位兽医学女博士，培养了3位中国工程院院士，曾是北美认证的唯一亚洲兽医学院。兽大百年，为我国兽医教育的学科建设、人才培养、社会服务、文化传承做出了突出贡献。

为了铭记历史，记载百年兽大的重大贡献，清晰勾勒我国军事兽医教育的发展脉络。我们认真查寻和梳理各个时期我国军事兽医教育的素材，结合名人传记，整理和编撰此书。以此回应和纠正一些有关百年兽大的不实宣传和报道，并值我国现代兽医教育115周年之际公开出版发行，以资纪念。

本书在编写过程中，得到了吉林大学动物医学学院王哲教授、张乃生教授、刘明远教授的鼎力支持，得到了吉林大学档案馆孙宝辉老师的热心帮助，在此一并致谢！

由于时间仓促，资料有限，难免出现失误或遗漏，敬请谅解！

冯家辉

2019年4月于长春

2

BAINIAN SHOUDA
SHEISSHUO YUIANQU

百年兽大 韶说远去

前言

BAINIAN SHOUDA
SHUISHUO YUANQU

百年兽大，谁说远去？

百年兽大，谁说远去？

BAINIAN SHOUDA
SHUISHUO YUANQU

第一章
马医学堂的初创与演化

(1904.12—1952.12)

甲午海战，以中国惨败而告终。清王朝为挽救命运，试图改革维新，兴办洋务，废弃科举。1901年清光绪皇帝颁发"兴学育才"和设置管学大臣的诏谕，1902年发布《钦办学堂规程》，规定京师大学堂设大学院、大学专门分科及大学预备科。农业科分农艺、农业化学、林学、兽医四目。兽医作为一个专门学科列入兴学规划。

北洋马医学堂旧址：河北保定东关小营房

第一节
北洋马医学堂的创建

　　1904年（清光绪三十年）12月1日，清政府在河北保定正式成立马医学堂，并派北洋陆军军医学堂总办、中国现代军医之父、中国第一位留学德国的博士徐华清兼任马医学堂总办，第一批留美归国的海军军医姜文熙任监督。创办之初，选聘日本东京帝国大学教授野口次郎等三人来马医学堂执教，由野口次郎任总教习，伊藤三郎、田中醇为教习，分别讲授各科课程。浅见正吉为蹄铁助手，后又讲授蹄铁学。初具兽医专业学校的规模，开始招收兽医正科和速成科各一个班。待日本教习期满教师回国后，王官德担任兽医外科学的教学工作，他也是我国第一位兽医外科学教官。我国家畜传染病学主要奠基人朱建璋就是1904年北洋马医学堂（驻保定）正科第一期的学员。1906年两年制速成科第一批学生毕业，被派赴军队担任兽医。

　　1907年清廷将兵部改组为陆军部，学堂于同年4月归陆军部管辖，易名为陆军马医学堂，由汤富礼任总办，姜文熙任监督。1908年正科四年制第一期学员36人毕业，其中上等27人，中等9人。

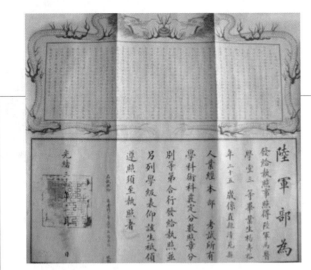

陆军马医学堂毕业生执照

毕业生朱建璋、刘葆元、竹堃厚、吴家鹏、雷日彬等 5 人赴日本留学,黄峡春等 10 人去日本学习马政。1911 年正科第 2 期学员毕业。早期毕业的第一、二期学员,大多被送往日本深造一年或者两年,回国后一部分被派充为马医学堂各科教官,以逐步取代原日籍教官;一部分则被派充到陆军各部队任兽医职务。1914 年,竹堃厚又被派往英国伦敦,代表中国出席第 10 届国际兽医会议,会后赴欧洲各国考察马政和畜牧,从此开启了我国与国际间的兽医畜牧学术交流。

第二节
陆军兽医学校的变迁

　　1912 年(民国元年),清朝政府灭亡,民国政府成立。陆军马医学堂改名为陆军兽医学校,姜文熙任校长,刘葆元任教育长,原聘日籍教师先后回国。1913 年又聘请日本兽医学者渡边满太郎为教习,同年 9 月,创办蹄铁科,设立蹄铁工厂,招收第一期学生,从此奠定了我国蹄铁技术工艺和兽医矫形外科学的基础。1917 年姜文熙调任军医司司长(晚年为美国在北京建立协和医院和医学校,即今中国首都医科大学),刘葆元继任校长,继续派员赴日本留学,专攻兽医外科。1918 年因德国饲养学专家凯尔纳在日本讲学,乃派王毓庚于同年 4 月去日本研究饲养学和乳肉卫生检验。

　　我国生物制品杰出奠基人,"天坛株"牛痘苗之父齐长庆先生

北平陆军兽医学校旧址：富新仓东四牌楼

就毕业于陆军兽医学校正科第 5 期（1918 年）。我国著名生物制品专家、兽医学家、兽医教育家杨守绅教授毕业于陆军兽医学校正科第 6 期（1919 年）。

1919 年 3 月，学校与军医学校同时迁往北平富新仓新校址。同年 7 月派崔步瀛赴日本留学，8 月再次派朱建璋赴日本研究细菌学，二人于 1921 年和 1922 年先后回校。崔步瀛成为我国第一位主讲家畜内科学的教师，是我国现代家畜内科学及兽医临床诊断学奠基人。1929 年北京大学成立兽医系，其教习就是由崔步瀛、王毓庚、刘葆元三位教员担任。

1922 年，渡边满太郎返回日本（他在中国执教近十年，返日后出任日本兽医总监，授中将衔，伪满时期任长春畜产兽医大学校长）。自此所有课程均由本校培养的教官、助教担任，同年 10 月，校长刘葆元辞职，专任家畜解剖学和组织学教官，教育长朱建璋接任校长，时值军阀混战，校舍屡被侵占，教学器材也受到损坏，经费长期拖欠，尤其是在 1924—1925 年，学校几乎陷于停顿。少数教师不得不去职谋生，如崔步瀛赴北京农业大学任教授兼畜牧系主任；外科教师王文振在北京西四大街自办"济畜兽医院"，但时任校长朱建璋始终坚持办校，带领教职工艰苦支撑。中华人民共和国成立后，朱建璋于 1951 年任总后勤部兽医局研究员；1954 年任军事兽医科学研究所传染病研究处主任；1955 年任军马卫生科学研究所传染病研究科主任；1958 年任军马卫生研究所研究员，1961 年于北京逝世。我国兽医内科临床诊断学奠基人之一的贾清汉教授 1922 年毕业于陆军兽医学校（驻北京）正科。著名养马学家，我国现代马政建设和马

安顺陆军兽医学校旧址

匹育种改良事业的奠基人，崔步瀛的弟弟崔步青教授也于 1922 年毕业于陆军兽医学校正科第 8 期，后来成为中国农业大学著名教授。我国著名兽医病理学专家郭璋山教授也于 1927 年毕业于陆军兽医学校。西北防疫处的孟培元、甄载明等专家也均是在该时期毕业的。

　　1928 年，学校由国民党南京政府军政部接管，王毓庚出任校长，崔步瀛任教育长，继续招收新生。并对各级教官授予军衔，即一等兽医正（同上校）教官及二、三等兽医正（同中校、少校）教官，一等兽医佐（同上尉），以下者为助教。除在北京仍继续招生外，1932 年首次分南北两地招考学生。1933 年应各省要求，连续招收各省选送的两班学生。同年，聘请德国柏林大学兽医病理学教授爱倍尔贝克（Eberbeck）来校讲授兽医病理学及兽医病理解剖学，聘请技师贝尔哈特（Berhat）做蹄铁专业的教学工作，同时从德国购置部分教学仪器设备。爱倍尔贝克和贝尔哈特先后于 1935 年和 1938 年回国。

　　"九·一八"事变后，日本侵略者侵入关内，学校在北平西郊成立后方兽医院，收容伤病军马和运输队的马、骡、牛等役畜。以后形势日趋紧张，学校奉令由北平迁往南京小营，以原骑兵学校为校址。同年 8 月，陈尔修任校长。9 月，广东军医学校的兽医班并入学校。1937 年全面抗战开始后不久，南京遭日本轰炸，部分校舍被毁，学校向湖南益阳、洪江转移。1938 年冬迁至贵州安顺，设校本部于崇真寺，并由军政部接办。时任军政部长何应钦兼任陆军兽医学校校长。为适应战时需要，增设"简易班"，后改称"专修科"，

BAINIAN SHOUDA
SHUISHUO YUANQU

百年兽大，谁说远去？

陆军兽医学校（安顺）兽医医院及门诊部遗址

以期在较短时间内培养更多的兽医人才。

在此期间，学校主要采取日式、德式教育，采用翻译的日本和德国教材，引进日本兽医器材。在人才培养上，既重视理论讲授，更重视实习操作，无论是实验室检验还是现场实际操作，都要求学员反复练习，手脑并用、会做会讲，达到独立完成为止。我国畜牧学家、中国养马业开拓者之一、中国畜牧史和家畜繁殖学奠基人谢成侠教授，就是1932—1936年陆军兽医学校大学部正科班学员，后来成为南京农业大学著名专家、江苏省政协委员。解放军军事兽医勤务专家、我军兽医工作创始人、兽医大学建校元勋、新中国畜牧兽医工作奠基人之一的任持九教授也是1937年7月毕业于陆军兽医学校。

武汉失守后，学校于1938年由益阳迁至湖南洪江，不久又迁到贵州安顺，至1949年11月，11年一直在安顺办校。1940年，为了培养师资及科研人员，创办高级研究班。同年，由于种马场、军马场及马政方面亟须畜牧技术人才，增设了畜牧科。1942年又在兰州设西北分校。1944年拟定十年兽医教育发展规划，学校编制扩大，生员名额也大为增加。同年，美国以援华名义派遣堪萨斯州立大学教授凯思敏（Kitselman）和农业部畜产局技师柯柏来德（Cooperider）到校，分别讲授微生物学和寄生虫病学课程。1945年，杨守绅任教育长并代校长。1946年，学校隶属国民党政府国防部"联合勤务总司令部"，杨守绅任校长。此时，西北分校并回本校。学校毕业学员张宽厚、谢震亚、林启鹏、谢成侠、翟振纲、杨本升、叶重华、黄元波、骆春阳、杜世杰、程明瀛、刘淙源、张万沄、钟兰宫、蒋鸿宾等，在1945年和1946年分别由中华农学会、农林部和国防部选送美国留学或实习。1948年，中将校长杨守绅率部分教职员工到北平丰台开办兽医勤务班，后改为迁校筹务处，由张莨臣负责。同年杨守绅兼马政司司长，贾清汉代理校长，郭璋山任教育长。中华人民共和国成立后杨守绅先后在我国台湾农学院、台湾大学，以及美国加州大学任教，1984年病逝于美国洛杉矶，享年84岁。

在此期间，学校主要采取日美式教改.重视基础理论的深入探求，试验研究寻根问底，增加课外辅导，组织学员互助复习和小组交流，学习场景生动、新鲜且活跃，培养的很多学员都成了其他高校畜牧兽医专业发展的开拓者，成为其他农业高校的"星星之火"。例如，兽医微生物学家、兽医生物制品开拓者之一的农业部兽医生物药品监察所房晓文研究员；家畜传染病学专家，江西农业大学林启鹏教授；兽医内科学专家，江西农业大学樊璞教授；著名兽医外科学专家邹万荣教授；著名兽医病理学家、教育家，内蒙古农业大学张荣臻教授；原北京农学院黄惟一教授；中国畜牧兽医学会动物遗传标记学分会的主要发起者，主要奠基人之一的邹峰教授；中兽医学家、动物病理生理学家、现代中兽医学的主要奠基人，中国农业大学于船教授；我国兽医微生物学、动物传染病学领域著名专家，新疆农业大学黄和瓒教授等。以及前往著名高级军事院校——黄埔军校任兽医教官的李哲民、韩鸿藻、黄训芳、董振华等同志。在此期间，先后有3人任国民党陆军兽医监（少将）：崔步瀛（1945.02.20）、竹埜厚（1947.05.07）、王毓庚（1947.12.29）。

1949年秋，人民解放军向大西南进军，国民党政府勒令学校将物资、器材、图书等先行装运重庆，师生候命迁移。当时代理校长贾清汉根据全校师生意愿，审时度势，拒不执行南京方面搬迁的命令，使得物资、图书、器材、武器、人员等未受损失。1949年11月18日，安顺解放，在西南军区党委领导下，学校改组为中国人民解放军西南军区兽医学校。中央军委确定安顺兽医学校员工为起义人员。学校设有正科（兽医科），畜牧科，属大学部，学制分别为四年与三年，招收高中毕业生；专修科（简易班）和蹄铁科为二年制，均招收初中毕业生；深造班，招收简易班毕业生的部队兽医；高级研究班，招收正科毕业的部队兽医。学校归属西南军区以后，在当时是我军教师最多、图书器材仪器设备较全、教学水平较高的兽医学校。学校编有教务、总务、政治三处以及兽医院、蹄铁工厂、畜牧试验场、国药研究所、印刷所等直属单位，设解剖、生理、病理、药理、细菌、寄生虫、卫生、勤务、内科、外科、蹄铁、畜牧、畜产等13个学系。全校藏书万余册，教职员工2 500名。1951年10月25日，根据中央军委命令，改名为中国人民解放军第二兽医学校。1952年1月，迁往长春，合并于中国人民解放军兽医大学，成为兽医大学业务的骨干力量。先后在该校毕业和工作的刘心舜、叶重华、杨本升、钟兰宫、钟柏新、李普霖、祖国庸、胡力生、黄孝翰、李阑泉、邓定华、倪汝选、郑策平、吴清源、李永田等都成为兽医大学各科主要教师和著名专家。李阑泉同志还曾被高等教育部派往越南担任培训师资工作。

第三节
解放军兽医学校的创建与发展

解放军兽医教育与培训工作是根据军队的建设和战争的需要而创建的。1941年任抟九在第18集团军野战卫生学校创办军马卫生长训练班，1942—1945年继办兽医班，在建设解放军兽医教育事业中做出了重要贡献。解放战争时期，军队迅速壮大，形势蓬勃发展，参战马骡越来越多。解放军几所兽医学校都是在这种情况下创建的。

解放军第一兽医学校是由长春兽医学校和解放军高级兽医学校合并成立的。长春兽医学校创建于1946年8月，在辽西省白城建校，定名为东北民主联军兽医学校，办校的物资和教学人员为接收自日伪哈尔滨家畜防疫所及哈尔滨市立家畜医院，负责人为孔繁澄。同年9月，该校划归辽吉军区领导。1947年5月迁至黑龙江省齐齐哈尔市，同年11月改归西满军区卫生部领导，改名为西线战勤兽医学校。1948年6月改属东北军区卫生部建制。1949年冬，长春、沈阳相继解放，在长春接收了伪满大陆科学院马疫研究处，在沈阳接收了国民党第五兽医器材库，并于1949年4月全校迁往长春，命名为东北军区兽医学校。同年5月，学校改属东北人民政府，改名东北兽医学校。1950年3月复归东北军区，仍沿用旧称。同年4月，学校由总后勤部卫生部接管，改名为长春兽医学校。当时兽医学校的业务骨干如费恩阁、郑兆荣、何明伍、肖音、刘文多等均于此时参加学校工作，以后他们都成为各自学科的著名专家。

平津解放后，解放军在北京丰台接收了国民党军队联勤总部第五补给区驻平津地区的马政、兽医机构以及原陆军兽医学校迁校筹备处的全部人员物资，以此为基础，组建了总后卫生部兽医学院。该学院于1950年10月迁往长春，与长春兽医学校合并，1951年7月20日，改名为中国人民解放军第一兽医学校（1951年10月15日以后，一度改称中国人民解放军高级兽医学校）。

解放军第三兽医学校原为华东（第三野战军）兽医学校。该校1946年3月筹建，负责人苏国勤。6月10日正式在江苏淮城开学。同年7月，因国民党军进攻苏北，该校随部队转移至临沂、沂水，此时归华东医科大学建制，为该医大附设的兽医学校。同年年底第1期学员毕业，第2期学员入校。1947年春，学校随华东医大迁往乳山。同年8月，第2期学员毕业，第3期学员入校。9月，由于战争形势紧张，学校将第3期学员疏散回原籍，工作人员分配到部队，学校暂时停办。1948年1月，于山东大洋山区大瞠衍复校，归华东野战军东兵团（后改为华东野战兵团）卫生部建制，续招第3期学员，当年10月毕业。淮海战役结束后，招第4期学员。1949年春，华东野战军整编为第三野战军，该校归三野后勤卫生部领导，定名为华东兽医学校。我校著名动物病毒学专家殷震教授同年于南通学院毕业，到该校任教。同年4月，随部队渡江进驻南京，后校址迁至当涂和桥头镇等处。1949年续招第5期、第6期学员，1951年1月招收第7期学员。同年10月，改校名为中国人民解放军第三兽医学校。该校毕业学员多数是解放军部队兽医骨干，留校工作的也有较大成就。

解放军第四兽医学校，原名华中兽医学校，1949年10月于武昌成立，属中南军区卫生部领导。1950年4月，根据总后指示，该校员工80余人迁并于长春兽医学校，学校原建制取消，改办兽医训练班。1951年4月由于抗美援朝战争的需要，该训练班恢复扩充为中南军区兽医学校。1951年10月25日更名为中国人民解放军第四兽医学校。

至1952年，第一、第三、第四兽医学校共为解放军培训了1 913名兽医，对充实各级兽医机构、保障马骡健康起到了重要作用，但由于分散办学，教学质量不高，各校教学水平差异较大，兽医培训工作还不能满足部队建设的需要。

百年兽大，谁说远去？

BAINIAN SHOUDA
SHUISHUO YUANQU

第二章
中国人民解放军兽医大学的组建、移交恢复与发展

(1953.01—1983.06)

　　1904—1951 年的 47 年中，马医学堂、陆军兽医学校先后举办兽医正科 32 期（第 32 期学生迁长春改为兽医大学本科第 2 期），速成科 1 期，训练班 2 期，兽医专修科（简易班）23 期，畜牧科 8 期，蹄铁科 12 期，高级研究班 4 期，深造班 3 期，另有短期训练班及补习班 10 期，共计不同科班毕业生 2 836 人（其中正科毕业生 1 045 人），是这一时期我国培养畜牧兽医专业人员最多的学校之一。

　　学校毕业生除分配到军队外，还有不少人在各省农业、卫生防疫和乳肉卫生和港口商品检验机关、农业院校及军马场和地方牧场工作，对于我国人畜的卫生保健、马骡及其他家畜（禽）的繁殖改良以及整个畜牧兽医教育科研事业的发展发挥了作用。

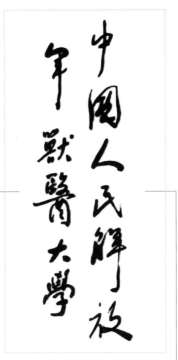

中国人民解放军总司令朱德同志
为中国人民解放军兽医大学题写的校名

第一节
中国人民解放军兽医大学的组建

　　新中国成立之初，军马仍是军队作战和后勤保障的生力军，在军队建设中具有重要作用。为了加强军马的保障，1952年9月全军第二届兽医行政工作会议提出要集中人力、物力办好一所兽医大学的建议并报请总参、总后批准，中央军委遂于1953年1月1日以军令字第001号命令公布了《中国人民解放军兽医大学建校方案及全军兽医人员培养计划》。根据军委命令，第二、第三、第四兽医学校于1953年2月20日以前，先后迁到长春与第一兽医学校一起组建中国人民解放军兽医大学。其中，第二兽医学校的师资是新校办学的骨干和主力。

　　至此，中国人民解放军兽医大学成为世界上第一所唯一承办单一兽医学科的大学，也是北美认证的第一家亚洲兽医学校。它的成立标志着解放军兽医教育进入一个崭新的历史阶段。

中国人民解放军兽医大学图书馆（同光路）

　　中国人民解放军兽医大学初建时，执行总参颁发的暂行编制（师级单位），全校共编 1 469 人（含学员 1 044 人，编 4 个连队），学员与教职员工的比例为 1∶0.15。总后兽医局副局长任挎九兼任校长，赵立业、萨音为副校长，黄龙华为副政委。

　　1953 年 5 月 14 日，解放军总司令朱德元帅亲笔题写"中国人民解放军兽医大学"的校名。

　　1954 年 6 月 1 日，中央军委（54）军编令字第 97 号命令，正式颁布兽医大学编制（正军级单位），共编 1 356 人（含学员 1 081 人，编 9 个连队），任命何济林为校长、萨音为副校长、曹荫槐为副政委。校机关设：训练部，下辖教务科、文具教具供给科、研究室；政治部，下辖组织、干部、保卫、宣传、青年各科和俱乐部；物资保障部，下辖军需科、给养管理科、卫生所；队列科，下辖保密室、警通排；财务科以及兽医所、畜牧场等直属单位。全校设置军事后勤、政治、语文、数理、化学、解剖、动物、生理、药理、微生物学、病理生理、病理解剖、内科、外科、传染病学、寄生虫病学、卫生、畜牧、产科、蹄铁、兽医勤务等 21 个学系。共有专业教师 89 名，显微镜 300 余台，图书两万余册，建筑面积为 33 383 米^2。

　　按照建校方案及全军兽医人员培养计划，学校主要任务是培训全军所需的兽医专业干部，以本科生为主，学制四年；鉴于全军兽医干部缺额甚多，也举办专修科。专修科兽医班学制二年，药剂、检验、蹄铁班学制一年。1954 年 5 月 12 日，总后勤部对学校任务

1956 年中国人民解放军兽医大学校官授衔合影

进行调整，规定学校除了以本科教育为主外，适量培养兽医师资和兽医科研人才并轮训各级兽医干部；与此同时，为使学校训练面向部队，还开设专修本科及蹄铁班，培训专科兽医及装蹄人员，以便及时补入部队，招生对象主要是部队在职兽医，针对部队保送学员文化程度较低的问题，学校开设了文化基础课，进行预备教育。

根据总后兽医局要求，学习苏联的教学经验，翻译他们的教科书，并拟定相应的教学计划和教学大纲。同时，明确了培养目标和学制：本科培养兽医师，学制四年；专修科培养助理兽医师，学制三年。在此期间，学校组织教师翻译苏联教材 14 种，总后又派来 4 名苏联专家，即苏军少将、传染病学专家拉克齐昂诺夫（JIakqHoHHoB）博士，上校外科专家阿弗里坎托夫（AdppHkoHToB），中校内科专家格尔曼（RepMaH）和病理学专家特卡钦科教授（TekaHHHko）担任我校教学顾问，帮助制订教学计划、教学大纲、进行教学法示范等，对推动当时的教学改革起了积极作用。1953 年开始招收研究生，这是兽医大学最早期的研究生班，首批招收学员 10 名。学校大力吸取世界各国兽医先进科学理论和实践，增设由医用化学扩容的生物化学、由细菌学扩容的免疫学、野战外科学、兽医勤务学、X光理疗学等；建立了外科大手术室和实验检验室等。实习用的动物品种除已有阿拉伯和英高血的轻型马外，还引入苏联的阿尔登重型马。

1956 年 3 月 4—10 日，召开中国人民解放军兽医大学党代会，曹荫槐任党委书记，何济林为党委副书记。

至 1956 年 9 月，共毕业学员 906 名，其中，本科 183 名、专修科 422 名、检验班 103 名、药剂班 50 名、蹄铁班 48 名。此外，还轮训师团兽医主任 100 名，招收研究生 23 名。这时期本科和研究生毕业留校担任教师的有兽医产科学的刘健，兽医卫生检验学的袁鸿锦，内科学的李毓义、刘志尧，传染病学的李佑民、朱维正，微生物学的刘景华、王世若，寄生虫病学的李德昌，兽医病理学的邱震东，兽医药理学的吴戈镳，中兽医学的彭望奕等，后来他们都成为学校的专家教授，同时也是我国兽医领域的著名教授。

第二节
中国人民解放军兽医大学移交地方

国务院、中央军委于 1956 年 7 月 1 日决定将中国人民解放军兽医大学移交给农垦部，全体教职员工集体转业，改名为长春畜牧兽医大学。1958 年 4 月，北安农学院、长春农学院并入；当年 5 月，改名为长春农学院。1959 年 1 月，长春农业机械化专科学校并入，成为该院的农机系；同年 6 月，学校改名为吉林农业大学，但始终都单独设立一个军事兽医系。吉林农业大学校址在同光路一带，军事兽医系仍留原址西安大路（和平大路），隶属总后勤部，由沈阳军区代供。全系编制 35 人，负责军队学员的管理和进行军事、勤务及防护教育。兽医专业课程则由学校的畜牧、兽医系各教研室承担。学员来源在 1959 年以前都是在职兽医，1960—1961 年也招收部分应届高中毕业生，学制五年。课程设置除兽医共同课按农业大学兽医系教学大纲进行外，其他的则根据部队需求情况增设，如增设军马保健课，在临床各学科的教学中增加猪、马、羊、鸡等家畜家禽疾病防治的比重等。

在移交地方五年期间，共毕业学员 532 名，其中，本科第 5、第 6、第 7、第 8 共四期 313 名，专修科第 13、第 14、第 15 共三期 219 名。

第三节
中国人民解放军兽医大学建制恢复

鉴于地方院校培养的学员不能适应部队建设的实际，1961 年 11

百年兽大，谁说远去？

中国人民解放军兽医大学（同光路）旧址

月 26 日，国务院下达"国增字第 190 号"文件，同意将 1956 年军队移交给吉林省的原中国人民解放军兽医大学交还给军队。总参、总政于 1962 年 1 月 5 日发出通知：中国人民解放军兽医大学从 1 月 1 日起，隶属总后方勤务部建制领导，仍为正军级单位。

　　吉林农业大学党委于 1962 年 1 月 8 日做出"关于人员交接问题"的决定，将军事兽医系全体教师及马列主义课、外语课、基础理论课教师 106 人，党政干部、职员 84 人，工人 85 人移交中国人民解放军兽医大学。吉林农业大学校长兼第一书记何济林回中国人民解放军兽医大学任校长兼党委书记，第一副书记曹荫槐为副政委，党委副书记任抟九为副校长。从总后天津文化预备学校调来部分干部，充实学校机关和教学单位。1962 年 8—11 月，这批干部陆续报到。至此，全校共编有各类人员 461 名，其中教师 164 人。

　　回归军队后的兽医大学校部机关、基础课各教研室和低年级学员队，在同光路校址；原军事兽医系地址为中国人民解放军兽医大学临床部和高年级学员队。

　　1963 年 2 月 21—24 日，召开中国人民解放军兽医大学回归军队后第一次党员代表大会，何济林为党委书记、曹荫槐为党委副书记。同年 10 月，曹荫槐同志调出，总后派张昕同志为学校政委（副书记），同年先后来校任职的还有副校长王作藩、政治部主任张国良。

1964年11月24日，总后决定将军事医学科学院第8所即军马卫生科学研究所从北京丰台迁到长春并入中国人民解放军兽医大学，改称中国人民解放军兽医大学军马卫生研究所。所长由学校副校长苟天普兼任，副所长为赵桐朴、赵庆森。研究所驻地接收原总参机要学校校址，在长春市抚松路。该所是1949年由军委卫生部接管国民党军队联勤总部的军马防疫所改编，初名兽疫防治实验处，1952年改称兽医防疫实验所，1954年8月与总后兽医局所属防治队、研究室合并，改名为军事兽医科学研究所，1954年称为军马卫生科学研究所。该所并入学校时，有普通病、传染病、防原子防化学、饲养、卫生、病理生化和装备等研究室，共360人，其中科技人员100人。

至此，学校所属编制设置有：校办公室（团级单位）以及训练部、政治部、校务部、临床教学兽医院和研究所5个师级单位。训练部部长张功甫，副部长祝玉琦教授、叶重华教授，下辖军事、政治、外语、数理、化学、动物、生物化学、解剖、组织胚胎、生理、药理、微生物、病理生理、病理解剖、畜牧、饲养卫生16个教研室。临床教学兽医院一度改称临床教研部，院长张功甫兼任，副院长高光明，下辖内科、外科、野战外科、护蹄、流行病、寄生虫、兽医勤务、兽医防护、兽医卫生检验、产科和人工授精、祖国兽医11个教研室。1964年3月，根据总后批示，撤销临床兽医院（临床教研部），上述11个教研室统一由训练部领导。校政治部主任张国良、副主任胡铁鹏，下辖组织处、宣传处、保卫处、干部处，并管辖校办育光小学和幼儿园（1964年6月育光小学移交地方）。校务部副部长齐博，1965年总后派马善丞为校务部部长，下辖军务处、管理处、军需处、财务处。学校还有兽医院、动物管理所、警通队等6个分队，分别隶属有关部处。编制6个学员队，分别设队长、副队长、政治教导员，其中本科5个队（学制5年），专修科1个队（学制3年）；学员定额1200名。至1964年，全校共有教师164名，其中教授11名，副教授14名，讲师63名，助教76名，师资不足的情况已有所改善。1964年年底，全校已有图书7万册，期刊8万8千册。1962—1965年，共毕业学员807名，其中军队学员本科第9、第10、第11、第

12 共 4 期 303 名，为地方代培 7 期 504 名。

1970 年 8 月，召开第三次校党代会，选举校党委会，校长何济林、政委王克强、副校长张功甫、副政委马善丞、政治部主任李长胜 5 名同志为常委，何济林为第一书记、王克强为第二书记、张功甫为副书记。

1973 年 3 月，恢复 16 个教研室，并指定负责教师。1974 年，校常委增补副政委王锐、副校长孟敏中、政治部主任张国良（李长胜调出）为党委常委。

1977 年 12 月，学校暂由副政委王锐主持工作。1978 年 3 月，王羲之为学校校长，严国光任政治委员，苟天普、戴定江、孟敏中为副校长，王锐、马善丞为副政委，以上 7 人组成校党委常委。严国光为党委书记，王羲之、王锐为副书记。1978 年 11 月，恢复了教研室建制，任命了室主任、副主任，恢复了技术职称。

1979 年 2 月 22—28 日，学校召开第四次党代表大会，贯彻党的十一届三中全会和军委全会精神。会议选举了由 15 名同志组成的校第四届党委会，其中，严国光、王羲之、王锐、马善丞、苟天普、戴定江、杨树桂等 7 名同志为党委常委，严国光为书记，王羲之、王锐为副书记。

1981年2月，王二中任学校副校长。同年4月，王锐任政治委员，杨树桂任副政委，李长胜任政治部主任。1983年12月，王二中任校长，王锐任政委，吴乐群、李双海任副校长，张子斌任政治部主任，任抟九、李长胜任校顾问。杨树桂为纪委副军职专职委员。

1978年恢复高考后，学校参加全国高考统一招生，此阶段毕业本科学员两期共156名。同时，学科设置也更加规范化。1981年基础兽医学、预防兽医学和临床兽医学成为我国首批农学硕士授权学科，基础兽医学和预防兽医学被批准为首批农学博士授权学科；1983年生物化学与分子生物学成为理学硕士授权学科，累计招收硕士研究生84名。举办军医司药班、卫生检验师资班共毕业学员183名，为部队和地方培训兽医和畜牧技术人员976人。著名生理学教授胡仲明，组织胚胎学教授李德雪，内科学教授王哲，微生物与免疫学教授韩文瑜，动物病理学教授潘耀谦，传染病学教授宣华等均在此时期研究生毕业。1978级兽医本科，广州中医药大学校长王省良，军事医学科学院11所王兴龙，吉林大学张乃生、柳增善教授，以及1979级兽医本科，吉林大学丁壮、高丰、李子义等，中国人民解放军成都军区联勤部、卫生部李江，首都医科大学陈振文，北京大学朱德生，火箭军疾病预防控制中心宋世佩，海军总医院王大鹏等著名专家教授也均在此时期本科毕业。

在此期间，科研成果显著。"马传贫病毒学的特异性诊断的研究""军马神经毒剂中毒的防治研究""马副伤寒性流产弱毒菌苗的研究"等13项成果获奖，其中有7项成果获得全国科学大会奖。袁鸿锦和范振勤被评为总后标兵。研究所防原子防化学研究室和学员80队被评为总后先进集体。郑兆荣教授当选为第六届全国政协常务委员会委员；袁鸿锦当选为第六届全国人大代表；殷震教授为国务院学位委员会学科评议组成员；兽医院药局主任林勋杰被评为全国三八红旗手。

1983年6月，总后下发362号文件，批复同意增设畜牧专业和兽医卫生检验专业，学员名额由360名增加到920名。补充专业教师73名，使教师队伍增加到180名。自此，中国人民解放军兽医大学结束了承办单一兽医学科专业的历史。

百年兽大，谁说远去？

第三章
单一兽医学科专业向多学科专业拓展
(1983.07—1992.07)

　　20 世纪 90 年代，解放军进入现代化建设时期，"机械化"逐渐代替"骡马化"，为了适应新形势下军队现代化建设需要，解放军兽医大学进行了重大的调整和转型。

第一节
适应军队建设发展的探索

1928 年 4 月，解放军第一支骑兵部队——西北工农革命军骑兵队正式成立。到解放战争时期，骑兵部队达 12 个师。到新中国成立初期，解放军已有 19 个成建制骑兵师，共十几万人，是陆军中仅次于步兵的第二兵种。1985 年，国家决定科技强军、精兵强军，全军百万大裁军，同时组建合成化、机械化陆军集团军，骑兵作为一个兵种被撤销，只象征性地保留几个骑兵营连，人数不足千人，承担边防巡逻任务。而以保障军马战力，以单一兽医专业而闻名的中国人民解放军兽医大学也面临着重大的抉择。

中央军委和总部在反复调查研究和论证后，一致认为，兽医大学历史悠久，技术人才集中，应该挖掘潜力，充分发挥优势，不仅要为部队培养兽医，还要为部队的农副业、畜牧水产业、卫生检验部门培养人才。原总后勤部部长、全国政协副主席洪学智多次来学校调查研究，指示兽医大学不能撤销，不能交地方，要继续办下去，而且要办好。此后，总后赵南起部长等领导也来校进一步研究办校规划，指出要在保留学校兽医专业优势的基础上，增设与部队农副业有关的专业。学校不仅要培训兽医人才，也要培训部队牧场、农场需要的畜牧师、农艺师、农机师、卫生检验人才和农牧业管理人才。

1983 年 6 月，中国人民解放军兽医大学开始招收首批畜牧本科和兽医公共卫生大学专科学员。1985 年 6 月开始承办兽医公共卫生本科专业。自此，学校结束了长达 79 年之久、开办单一兽医专业的历史，开始向多专业转型发展。

1986 年 3 月，学校制订《教育改革规划》和《体制改革精简整编方案》，决定从过去的为保证军马健壮培养人才转移到为保证指战员身体健康培养人才上来；专业设置从以兽医为主的大学转到畜牧兽医、兽医卫生检验多专业的综合性大学上来；教学体制从畜禽疫病防治为中心的教学、科研、医疗相结合的体制转到发展畜牧业、养殖业生产为中心的教学、科研、医疗和生产相结合的体制上来；专业建设要在继续搞好兽医专业建设的同时，重点加强畜牧、兽医卫生检验专业建设。

第二节
新的《中国人民解放军兽医大学编制表》颁发

1986年11月中央军委820号文件颁发《中国人民解放军兽医大学编制表》，学校设校、系两级。系设：畜牧系（含畜牧、水产养殖、畜产品加工、经济动物等4个专业）；兽医系，即原附属兽医院，设置兽医专业；兽医卫生检验系（兽医卫生检验和食品加工两个专业）。学员编4个大队，归各系和训练部领导。

训练部：辖教务处、教保处、科研处、政治处、中心实验室、军事、勤务防护、数理、化学、外语、解剖、组织胚胎、生物、生理、生化、病理、药理、微生物、电子计算机等教研室，电化教学中心，及研究生队、轮训队。

卫检系：辖病理检验、理化检验、微生物检验、兽医卫生检验、畜产品加工等5个教研室和1个卫检学员队。

附属兽医院（正师）：辖医教部、政治部、院务部，内科、外科、传染病、寄生虫、兽医门诊部、药房、检验科等8个科室和1个兽医学员队。

根据上述任务，由吴乐群任训练部部长，袁鸿锦为卫生检验系主任、李禹时为系政治委员。李双海任附属兽医院院长、宋文元任政治委员。

尽管学校向多学科、多专业转型，但兽医学科（专业）仍是兽医大学的主体专业、强势专业，其人才培养和科研优势仍闻名于海内外。

"我国首例非洲猪瘟确认者"扈荣良研究员、沈阳农业大学校长陈启军教授、"国家杰出青年基金获得者"刘明远教授、中国人民解放军成都军区"病毒王国的探路先锋"范泉水研究员（专业技术少将军衔）等著名专家均是1985年毕业于我校兽医本科的学生。1985年是国家实施科技奖励的第一年，兽医大学的"水貂病毒性肠炎的防制研究"（吴威）和"孕马血清激素的提纯与使用"（白景煌）2个项目都获得国家科技进步奖二等奖，"胶粘橡胶马掌的研制与应用"（刘书奇）获国家技术发明奖三等奖，"应用胎猪肠组织单层细胞培养猪流行性腹泻病毒"的研究（宣华）获军队科技进步奖一等奖。1986年、1987年先后又有5项成果获国家或军队科技成果奖，获奖数量和质量均居于全国农林院校前列。"马、羊脑脊髓丝虫病的防制研究"（徐彦波，1986 年）获军队科技进步奖一等奖、国家科技进步奖三等奖，"十三种动物病毒的分离与鉴定"（夏咸柱，1987 年）获国家科技进步奖二等奖，"梅花鹿流行性狂犬病研究"（胡敬尧，1987 年）获军队科技进步奖一等奖，"碳酸盐缓冲合剂对马不全阻塞性大肠便秘疗效观察"（李毓义，1987 年）获军队科技进步奖二等奖。

第三节
兽医系成立及资源整合集中

学校自 1953 年于长春市相对集中办学以来，校址一直比较分散，到 1964 年年初，才基本形成三个校址：校部和基础课教学部分在同光路；临床教学部分和兽医院在西安大路；研究所在抚松路。各校区相距较远，给教学管理带来不便。确定转变办校指导思想，扩充教学内容，增加新系，扩建新校舍势在必行。1986 年 11 月上旬，附属兽医院和临床各学员队搬迁到西安大路：长春市西安大路 153 号，改称为兽医系，承担兽医专业教育教学。

附属兽医院的畜牧教研室、饲养卫生教研室、兽医卫生检验教研室、病理解剖教研室、病理生理教研室、勤务防护教研室、临床图书馆、机关食堂、学员食堂、卫生所和各学员队分别移交给训练部、校务部、畜牧系和卫检系。

至 1989 年，学校已经完成由单一兽医专业到兽医、畜牧、兽医公共卫生、水产养殖、农经、农艺、农机等 7 个专业的空间拓展，兽医大学的内涵发生根本性变化。兽医系作为兽医大学的教学独立单元，承担着兽医专业的教学任务，第一次作为独立院系登上学校的历史舞台，也标志着我校兽医教育从大学到学系转换的顺利完成。

第四节
兽医学资源相对集中后的发展

编制体制确立后，兽医学科专业进一步得到巩固和发展。

一是及时调整了教学内容。兽医专业以前的主要任务是为保障

为商业部培养技术干部

军马健康服务，在新时期，兽医专业的主要任务调整为既要保障军马健康，还要为生物细菌战防护、防制人兽共患病和防治动物疫病服务。按照任务的扩大，重新修订了人才培养计划、教学大纲，建立了新的人才培养体系。

二是不断加强师资队伍建设。实行教医研相结合，锻造既能进行教学，又能开展医疗，还能从事科研的一专多能的教师，有效提高了教师教医研能力和水平。1991年夏咸柱教授被评为"全军优秀教员"。

三是基本形成完整教材体系。组织修编和新编教材20余种，如《家畜繁殖学》《养鱼学》《经济动物学》《体液病理生理学》等。在教材内容上，进一步减少了军马的内容，大幅增加其他畜禽疾病防治内容和新知识、新技术，编写的教材多数达到同类院校先进水平，有15种教材被全国145所农业院校选用。

四是成功申办核心专业杂志。申办的《兽医大学学报》被批准在全国发行，进入国际检索系统，成为中文核心期刊。

五是开放办学获得进展。充分发挥老专业的优势，先后承办了"全国兽医微生物学会"、第四届全国兽医药理学毒理学学会等大型学术会议，举办了"全国高等农业院校兽医诊断学与内科学师资培训班""全国动物检疫""兽医卫生检验师资""兽医微生物新技术""高级生化技术师资""病理新技术"等高级培训班，为国内农业院校培养了大批师资。

六是开放办学更加活跃。先后与11个国家的学术单位建立联系，派出一批教师进修与合作科研，邀请一批外国知名学者来校讲学，

与日本北里大学建立合作关系

并于 1989 年上半年正式与日本北里大学建立校际联系。

七是在科研取得重大成果。熊胆粉和"增茸灵"获得新药证书，复方熊胆眼药水获得国家星火发明金奖和第 38 届布鲁塞尔尤里卡国际发明博览会优秀新产品奖。"犬细小病毒自然弱毒株的分离、鉴定和免疫研究"（夏咸柱，1990 年）、"利用单宁防治鸡、水貂、狐狸等动物食癖症的研究""肾上腺素能 β 受体激动剂 FT-365 制剂的研究"（李德雪，1991 年）、"绵羊实验性钼中毒研究"（李毓义，1992 年）先后获军队科技进步奖二等奖；"特种武器伤害的兽医防护"（淡伦，1992 年）、"橘皮提取物对家兔耳（足）螨病治疗研究"（刘俊华，1992 年）获国家科技进步奖三等奖。

八是研究生教育蓬勃发展。培养博士研究生 20 名、硕士研究生 238 名。1985 年，熊光明成为新中国自主培养的第一个兽医学博士，后来成为德国基尔大学著名教授。随后，赵奕又成为我国兽医学第一个女博士。金宁一、涂长春、扈荣良、赖良学等著名专家也分别在殷震教授的指导下硕士研究生毕业。

至 1992 年兽医大学向农牧大学转隶，其兽医学科专业发展水平在国家、军队、行业仍独树一帜，遥遥领先。它名副其实地成为了我国兽医师资及人才的培养基地，知识创新的策源基地，高水平科学研究的创新基地，国家畜牧兽医行业发展的思想库和智囊团。1955 年首次证明马传染性贫血病在国内的存在，首次分离出流行性淋巴管炎病原体——囊球菌。1964 年在国内首次从病马中分离出乙型肝炎病毒，并用鸡胚制造疫苗。1965 年率先分离出马传染性贫血病毒。1969 年首次试验成功马骡耳针麻醉（穴位注射）。1978 年首次分离出猪流行性腹泻病毒。1980 年在国内首次分离到家鼠的路氏锥虫，首次分离出马鼻肺炎病毒、马痘病毒。1981 年首次在国内分离培养出牛病毒性腹泻—黏膜病病毒。1982 年在国内首次证实牛瑟氏泰勒虫的传播者为长角血蜱，分离出牛溃疡性乳头炎病毒，首次证明了该病在我国的存在，首次用血凝试验证明了犬细小病毒性肠炎的存在，并建立了血凝和血凝抑制试验的诊断方法。1983 年分离出犬传染性肝炎病毒，并建立了血凝和补反等诊断方法；成功分离犬轮状病毒，并进行了系统鉴定；成功研制治疗破伤风的新药——抗破 1 号。1984 年从貂肠炎病例中分离出引起本病的病毒，做了系统鉴定并建立诊断方法。1990 年首次发现鼠大型隐孢子虫……

这些无数的首次和成功，见证了这所百年老校的风霜与奇迹，彰显了其为国家、军队畜牧兽医事业发展所做出的历史功勋，同时也昭示着其厚重的学术底蕴，预示着其美好的未来。

百年兽大，谁说远去？

BAINIAN SHOUDA
SHUISHUO YUANQU

第四章
中国人民解放军农牧大学时期的
兽医学科专业发展
(1992.08—1999.03)

　　中国人民解放军农牧大学是解放军唯一的一所高等农牧科技院校。它的成立，标志着单一专业的兽医大学已发展为一个多学科、多专业的军队高等综合性院校。它的成立，也预示着学校要重点依托兽医优势力量发展、拓展和壮大新兴专业，人、财、物、空间等要向新建学科专业倾斜，部分兽医师资要向食品、水产、畜牧等新的专业方向转型。在此期间，兽医学科专业始终坚守和传承自强不息、厚德博学精神，更加注重内涵发展，更加注重师资培养，更加注重应用开发研究，取得了世人瞩目的成绩。

中国人民解放军农牧大学成立大会

第一节
学校更名为"中国人民解放军农牧大学"

　　1991 年 1 月 12 日下午，时任中共中央总书记、中央军委主席江泽民，在总后政委周克玉等陪同下，视察中国人民解放军兽医大学。在接见各级领导干部和专家教授时，做了重要讲话。他指出：和平时期，我们部队除了军事训练，还要办农场，参加一定的生产实践，减轻国家的负担。并明确指出：我们唯一的这所解放军兽医大学，对于我们整个解放军的建设，特别对于我军后勤，有相当大的作用。江主席希望学校为军队和地方农牧事业的发展，做出更大的贡献。

　　1992 年 1 月 13 日，在军委主席江泽民视察学校一周年之际，学校召开学习江泽民主席视察我校题词研讨会，13 人在会上交流了学习体会。景在新校长和林继福政委在发言中说，要把江主席题词作为学校建设和发展的指导方针，要把学习研讨的成果运用到实际工作中，把学校方方面面的积极性、创造性凝聚于爱校建校之中，更好地实现党委提出的办学指导思想。

　　1992 年 8 月 26 日，中央军委正式颁布命令："中国人民解放军兽医大学"改建为"中国人民解放军农牧大学"。9 月 11 日，总

江泽民同志题词

后副政委许胜中将在学校团以上干部会上，宣读了中央军委主席江泽民签发的命令，任命景在新为农牧大学校长（1998年1月，景在新退休后，李德雪任校长），樊铁琦为政治委员（1994年12月，樊铁琦调离后，奉国全任政治委员）。1992年10月28日，中共中央总书记、中央军委主席江泽民为学校题写新校名："中国人民解放军农牧大学"。

第二节
兽医系更名为"动物医学系"

1992年11月，中国人民解放军农牧大学对机关和院系进行调整。机关改为"二部四处"，即教务部、政治部、军务处、教保处、总务处、科研处。院系调整为"一部四系二所"，即基础部、农学农机系、农业经济管理系、畜牧水产系、动物医学系、农业科学研究所和军事兽医研究所。基础部设有：动物解剖学教研室、家畜组织与胚胎学教研室、生理学教研室、生物化学教研室、兽医微生物学教研室、药理学教研室和勤务学教研室。基础部主任先后由王国元、韩文瑜担任；政治委员先后由李奎忠、朴成正担任。刘振润任动物医学系主任（1995年10月起由王哲教授担任），邢济明任政委（1997年起由姜桂林担任），副主任先后由曾凡勤、陈新和赵军安担任。

动物医学系下设兽医病理学教研室、兽医内科学教研室、兽医外科学教研室、兽医传染病学教研室、兽医寄生虫病学教研室、中兽医学教研室、动物性食品卫生教研室、食品微生物学教研室、食品理化学教研室、农产品加工教研室、畜水产品加工教研室、附属兽医院、食品加工实习基地、军犬繁育卫生研究中心、学员七队、研究生队。招生专业包括：兽医（5 年）、兽医公共卫生（4 年）（简称：公卫）、农（畜、水）产品加工与储藏 [大专（简称：食品加工)]3 个专业。1999 年 4 月，动物医学系与畜牧水产系合并为动物科技系，由王哲任系主任，姜桂林任政委。

学校更名为农牧大学后，新建学科专业大量增加，兽医专业被大幅调整精简，编制员额和学员培养数量急剧减少。1992—1999 年期间，动物医学系共招收 13 个班次，1992 级兽医、公卫，1994 级兽医、公卫、食品加工，1995 级公卫、食品加工，1996 级食品加工，1997 级兽医、公卫，1998 级公卫、食品加工，1999 级兽医，其中兽医专业仅 4 个班次，人数不足 100 人。

第三节
建立适应部队需要的人才培养模式

按照"努力为全军培养政治合格、专业过硬的农牧科技人才"的培养目标，学校坚持为部队农副业生产和军事兽医事业服务，实行教学、科研、生产相结合；坚持多层次、多形式培养方式，实行全方位、全过程育人；坚持"实、新、宽"的教学内容，实行启发式教学的教学思想，构建和实施了"三环相融"办学模式。对教学计划、教学大纲进行修订，重新编写教材，大幅调整教学内容。1993 年，完成兽医、兽医公共卫生教学大纲的修订，农（畜、水）产品加工与储藏教学大纲的编写。1994 年从全军各地招收首届农（畜、水）产品加工与储藏专业。

注重加强实践教学环节，平时增加实验课的教学内容和时数，动物医学系在长春鹿乡建立长期定点实习基地。毕业时组织学员到地方防疫部门、部队农场、养殖场实习，提高学员的实际动手能力。1992 年组织"畜牧兽医"服务队深入部队，协助解决各种生产技术难题 40 多项，为部队举办"小兽医"等短训班 6 期，培训初级技术人员 300 余名。1996 年 9 月，组织全军七大军区兽医卫检员兼肉食品检验员岗位练兵技术竞赛。教学科研社会服务以及思想政治工作获得新的丰收。1993 年学校被国家教委评为"全国党的建设和思想政治工作先进高校"。"以部队需要为导向的三环相融办学模式的建立、运作及实行"（景在新，1993 年）和"军队现代农牧教育体系的建立及实践"（景在新，1997 年）获全国教学成果二等奖。

第四节
更加注重师资培养和学科内涵建设

在农牧大学时期，动物医学系更加注重青年教师的培养，在科研任务非常繁重的情况下，仍派出大批中青年骨干教师到国外进修学习。例如，陈启军到瑞典卡洛琳斯卡医学院微生物与肿瘤研究中心，赖良学到美国密苏里大学动物研究中心，李子义到美国衣阿华大学，王新平到美国西弗吉尼亚塞勒姆 – 帝京大学从事博士后工作；刘明远到法国巴黎十二大攻读博士学位，刘波、丁壮、岳占碰到日本北里大学做访问学者等。一大批专家教授也在国内外农牧行业崭露头角，脱颖而出。20 多人任国务院学位委员会及学科评议组成员和全国一、二级学术组织理事长等职务。殷震于 1995 年当选为中国工程院院士，1996 年被总后评为"一代名师"。景在新（1996 年）、田家良（1998 年）被评为总后"伯乐奖"，涂长春（1996 年）、金宁一（1998 年）被评为总后"科技银星"，1998 年金宁一被评为"全军优秀教员"。在此期间，著名的专家教授主要有：国务院学位委员会学科评议组成员、动物病毒学院士殷震；中国畜牧兽医学会家畜传染病防制研究会理事长、家畜传染病学教授费恩阁；兽医微生物学教授邓定华、杨本升、王世若；兽医内科学和兽医临床学教授李毓义；兽医病理学教授郑兆荣、李普霖；兽医寄生虫学与寄生虫病学教授胡力生、李德昌，动物生物化学教授汪玉松等。

同时，加快各二级学科的建设，在预防兽医学被评为国家重点学科的基础上，生物化学与分子生物学（1993 年）和临床兽医学（1998 年）被批准为博士学位授权学科，兽医学（1995 年）和生物学（1997 年）

百年兽大，谁说远去？

被批准为博士后流动站。研究生招收规模不断扩大，1992—1999年共培养博士研究生46名，硕士研究生128名。

第五节
应用研究不断取得新突破

积极开展科技开发，及时将科研成果转化为生产力。耳（指）血肝癌特异快速诊断法的研究，提供了人肝癌快速诊断的方法，在20多个省市有关医院推广应用。速效跌打膏、胸腺肽等科研成果在学校长春北方制药厂转化为产品，畅销全国。精制抗破伤风血清、庆增安、左旋咪唑擦剂、北方止痢神注射液、泻痢王、喘泻平注射液等多项科研成果在五星动物保健药厂投入生产，产品供不应求。

更加重视基础研究和基础应用研究。1997年殷震院士主持国家自然基金委生命科学部第一个重大项目（500万元），"抗猪瘟病毒感染猪基因工程育种研究"列入国家"863"计划，并取得可喜进展。牛"烂蹄坏尾"病因及其防治研究（李毓义，1996年）、"犬与貂、狐等毛皮动物主要病原生物学研究"（殷震，1997年）获国家科技进步奖三等奖；"兽医遗传病理学研究"（梅文辉，1994年）获内蒙古科技进步一等奖；"高钙日粮蛋鸡相对性锌缺乏研究"（王哲，1993年）、"牛霉稻草中毒病因及防治研究"（李毓义，1994年）、"马立克氏病双价灭活苗的研究"（朱维正，1996年）、"伪狂犬病GP50基因的克隆表达与免疫的研究"（娄高明，1996年）、"牛病毒性腹泻病毒的诊断与流行病学及病毒分子差异"（王新平，1997年）、"反刍兽胃肠弛缓病因及防治研究"（李毓义，1999年）等6项成果获军队科技进步奖二等奖。

第六节
隆重召开中国兽医教育90周年纪念大会

为了继承传统，振奋精神、凝聚力量、谋求发展。1994年9月16日，组织召开中国兽医教育90年纪念大会。大会在新落成的校文化体育活动中心隆重举行。总后刘明璞副部长、沈滨义部长助理、司令部温光春参谋长、卫生部赵达副部长、军需部黄俊副部长，吉林省省长高严、吉林省委副书记王金山、吉林省政协主席刘云沼、长春市市长米凤君、驻长春部队领导、各院校领导和在学校学习工作过的老战友，全校教职员近 3 000 余人参加庆典。

中国兽医教育 90 周年纪念大会，既是宣言书，也是动员令。彰显了新一代兽医人要薪火相传、励志图强，继续把兽医人才培养好、把兽医教育办好、把兽医科研搞好、把兽医事业经营好的决心和信心。

百年兽大，谁说远去？

百年兽大，谁说远去？

Bainian Shouda
Shuishuo Yuanqu

第五章
中国人民解放军军需大学时期的军事兽医教育

(1999.04—2004.07)

随着我国社会主义市场经济体制的建立和产业结构不断调整，推进军队后勤保障社会化的条件已经基本成熟，为此，部队大量裁减农副业生产和后勤保障人员。自1997年起，军队再次精简整编，1999年年底，军队规模精简至250万人。1998年7月，中共中央也做出决定：军队武警部队、政法机关一律不再从事经商活动，军队所办经营性企业按规定移交地方或实施撤销。据统计，此次移交的军马场12个，农场83个，总面积达9 376千米^2。作为保障部队农副业生产的解放军农牧大学，又面临着历史的重大选择，又一次站在风口浪尖，面临着保留还是转隶的命运抉择。

中国人民解放军军需大学校门

第一节
从农牧大学到军需大学的转变

1999 年 4 月 26 日，中央军委主席江泽民签发〔1999〕军字第
24 号命令，将"中国人民解放军农牧大学"改称为"中国人民解放
军军需大学"，执行副军级权限，隶属于总后勤部，其主要任务是
为部队培养懂技术、会管理、能指挥的高素质复合型军需人才。6
月 10 日，任命原中国人民解放军农牧大学校长李德雪（副军职）为
中国人民解放军军需大学校长（正军职），原中国人民解放军农牧
大学政治委员奉国全（正军职）为中国人民解放军军需大学政治委
员（正军职）。2001—2005 年期间，校长分别由冯亮、耿正望、韩
文瑜等 3 人担任，政治委员分别由王志发、刘晓民等 2 人担任。

1999 年 10 月，学校将动物医学系与畜牧水产系合并，兽医专
业学科进一步精简缩编，改建为副师职单位动物科技系，王哲为系
主任，姜桂林为政委，赵军安为副主任。下设兽医、畜牧、水产养
殖 3 个专业和基础兽医学教研室、预防兽医学教研室、临床兽医学
教研室、动物繁育教研室、动物营养教研室、水产养殖教研室、实
验动物中心、实验牧场、附属兽医院等 9 个教研室（系）。基础兽

军事兽医系参加军需大学第一届体育运动会

医学教研室主任高丰，副主任邓旭明；预防兽医学教研室主任张西臣，副主任丁壮；临床兽医学教研室主任张乃生，副主任周昌芳；实验动物中心主任任文陟；附属兽医院院长姜玉富。2002年3月，动物科技系改称为军事兽医系。

第二节
兽医畜牧转停减并

　　1999年后，为了建设名副其实的军需大学，发挥老专业优势，化解新专业力量不足、骨干和学科带头人缺乏的矛盾，学校加大专业学科调整改革力度，实行新老专业"捆绑式"发展，打破专业学科和科室界限，实现学科重组融合、人才优势转移。要求兽医专业主动适应，融入军需，发挥优势，自我完善，调整教学科研方向。对新专业在师资、空间布局上进行大力扶持。部分畜牧兽医系的老师调整到军需工程系，从事食品工程、给养、国防经济、农林经济等教学科研工作，畜牧楼转让给军需工程系。为了缓解老专业教学科研用房困难，学校投入1 500万元扩建动物科技楼，动物科技系自筹经费进行内部装修。

　　同时，动物科技系与军事兽医研究所捆绑发展，教学和科研向生物战剂侦检与防护、人兽共患病防治、军用动物保健、军用食品

动物科技系参加学校军需放歌比赛

卫生安全保障、军用生物技术等领域发展。在招生方面，大幅缩减招生员额。兽医公共卫生专业、水产专业、畜牧专业停止招生，兽医本科专业改为每两年招生一次，每次招收 20 名，1999 级兽医本科（五年制）为最后一批军旅兽医。2002 年为支持西部地区畜牧兽医事业发展，招收地方动物医学（四年制）本科一期 80 名，动物科学本科（四年制）30 名。

第三节
兽医学科专业负重艰难前行

　　在军需大学时期，尽管兽医学科专业发展受到极大限制，但各级各类兽医科技人员仍不忘初心、自强不息、砥砺前行，取得了骄人的成绩。由夏咸柱牵头，研制出迄今为止国家唯一获批的犬用弱毒疫苗"犬五联弱毒疫苗"，该成果于 2000 年获国家科学技术进步奖二等奖；由朱平研究员主持的新型抗癌生物导弹——冻干重组人促黄体激素释放激素−绿脓杆菌外毒素 A 融合蛋白（比欧米塞）完成中试后，亚泰集团投入风险资金 1 500 万元支持该项目研究；金宁一研究员研究的"艾滋病疫苗"进展顺利。其他生物技术研究项目也有了向产品转化的势头。李毓义主持的"反刍兽胃肠弛缓病因

预防兽医学系部分教师合影

及防治研究"（1999 年）、丁壮主持的"新城疫病毒生物学特性、分子流行病学调查及其基因重组疫苗实验研究"（2004 年）获军队科技进步奖二等奖。经过几年的转型，兽医学科突破传统，在新兴交叉研究领域展现出良好发展势头，在人兽共患病防制、生物战剂侦检、动物性食品卫生检验等方面形成了比较优势。

在此期间，军事兽医系保持了 6 个教研室、80 名在职干部的规模，其中教授 19 人，副教授 24 人，博士生导师 8 人，硕士生导师 22 人。设有兽医学和生物学 2 个博士后流动站，兽医学为首批一级博士授权学科，拥有 4 个博士授权二级学科，其中预防兽医学为国家和军队重点学科。畜牧学和生物学为一级硕士授权学科。微生物学（2003 年）、军事预防医学（2003 年）新增为硕士学位授权学科。在兽医学向生物战剂和动物性食品安全转型的军需大学时期，传统兽医学的力量极大削弱，人员再次被大量分流，学科专业地位快速下滑，在 2002 年全国首轮一级学科评估中，军需大学兽医学仅列全国第五。

根据部队军马基本退出现役，狂犬病、疯牛病、SARS 等人兽共患疾病频繁发生，分子生物技术快速发展等实际情况，军事兽医系及时更新教学内容，出版了教材和专著 40 多部，其中有较大影响的有：《现代动物免疫学》（韩文瑜）、《分子遗传学》（张玉静）、《动

中国大学 2002—2004 年兽医学排名

| 学位授予单位名称 | 整体水平 | | 分项指标 | | | | | | | | |
| | | | 学术队伍 | | 科学研究 | | 人才培养 | | 学术声誉 | |
	排名	得分	排名	得分	排名	得分	排名	得分	排名	得分
中国农业大学	1	84.94	1	88.73	1	85.65	4	69.75	1	100
南京农业大学	2	78.87	2	87.81	5	73.67	5	65.66	2	96.41
东北农业大学	3	78.53	3	84.60	2	77.40	3	70.17	4	84.91
扬州大学	4	75.55	8	70.20	4	75.35	1	77.76	8	79.40
解放军军需大学	5	74.68	4	77.57	6	73.59	7	64.92	3	86.83
中国农业科学院	6	73.71	5	74.53	3	75.61	6	65.35	7	80.60
西北农林科技大学	7	71.70	11	66.22	7	70.81	2	71.01	6	81.08
华南农业大学	3	70.87	7	72.67	9	69.16	10	63.98	5	81.56
甘肃农业大学	9	68.85	6	73.36	8	69.33	9	64.55	9	68.38
新疆农业大学	10	64.12	10	67.98	10	63.14	8	64.87	10	60.24
安徽农业大学	11	62.62	9	69.04	11	60.84	11	61.36	11	60.00

43

奔赴西藏、青海等边远地区的学员合影

物疫病学》(丁壮)、《动物繁殖学》(周虚)、《现代动物生物化学》(第二版)(欧阳红生)、《动物群体病症状鉴别诊断学》(李毓义 张乃生)、《动物组织学与胚胎学》(岳占碰);出版内部刊物《军事兽医》,供总后参阅和存档;杨勇军博士翻译完成《美军兽医勤务》专著。

实行"三段式"教学培养模式,即:第一阶段为公共课阶段,打牢深厚的科学文化基础;第二阶段为专业基础课和专业课阶段,培养学员掌握扎实专业理论和能力;第三阶段为实践教学阶段,强化训练学员解决实际问题的动手能力和第一任职能力。在长春鹿乡建教学动物医院分院,培养出了一批少而精的高素质兽医专业人才,很多学子主动请缨,奔赴西藏、青海、新疆等艰苦边远地区去建功立业。

一大批中青年科技骨干展现出强劲的发展实力。殷震(1999 年)、夏咸柱(2002 年)获中国人民解放军"专业技术重大贡献奖";李毓义(2000 年)、夏咸柱(2002 年)获总后"一代名师"称号;朱平(2000 年)、王哲(2002 年)获"伯乐奖";王哲(2000 年)、冯书章(2002 年)获"科技银星"称号;张西臣(2000 年)、扈荣良(2000 年)、刘明远(2002 年)获"科技新星"称号。2001 年王兴龙、张玉静、韦旭斌,2002 年高丰、王玉平获军队院校育才奖银奖;2003 年夏咸柱当选为中国工程院院士。

44

第四节
查明西藏牦牛不明原因死亡

牦牛是高寒地区特有的珍稀牛种，也是我国西藏地区藏族同胞经济生活的主要来源，衣食住行烧耕都离不开它。2002 年，西藏自治区发生大批牦牛不明原因死亡。因西藏毗邻巴基斯坦，当时巴基斯坦还未消灭牛瘟，因此，当地政府怀疑是牛瘟或炭疽传入我国，引发大批牦牛死亡。当地民众也异常恐慌。

为了查明真相，扑灭疫情，消除恐慌，减少藏族同胞经济损失，时任总后勤部部长王克上将电令军需大学派专家予以支援。接电令后，军事兽医系连夜选派高丰教授和丁壮教授赶赴西藏。现场对病死牦牛进行解剖，根据组织病理变化和血液分析，最终确诊为巴氏杆菌感染引发的巴氏杆菌病（又称出血性败血症），并建议政府将已发病或体温升高的牦牛全部隔离，健康的牦牛立即接种疫苗，用药物预防，对污染的环境进行彻底消毒。病死牦牛内脏及肉尸高温处理销毁，同群未发病的牦牛圈养至指定场所隔离观察。通过这些措施，疫情得到有效控制。

军需大学两位专家的突出贡献得到当地政府的褒奖和总后勤部嘉奖。军事兽医系还参加了农业部炭疽、口蹄疫、旋毛虫病等人兽共患病的调查和扑灭工作。

第五节
抗击"非典"立新功

2002 年重症急性呼吸综合征（别称："非典"或 SARS）在中国广东顺德首发，并迅速扩散至东南亚乃至全球，成为一次全球性传染病疫潮。

为了充分发挥兽医学科在重大疫情发生时的应急救援作用，2003 年 4 月，军需大学军事兽医应急救援分队在军事兽医系成立，军事兽医系主任王哲教授担任分队队长，军事兽医研究所所长胡仲明教授担任分队副队长，分队成员由军事兽医系和军事兽医研究所的 10 余名专家教授组成。军事兽医应急救援分队的建立，既是应对

45

宣华教授接受中央台专访问

重大疫情、维护社会稳定的需要，也是应对生物恐怖和生物打击的需要。主要任务是扑灭重大疫情；对生物恐怖袭击或是生物打击进行救援；做好战时现场人兽疫情的紧急救援和生物战剂的快速检测。

4月30日，农业部下发《关于开展冠状病毒疫源调查的通知》，军需大学被正式列入参加农业部组织的在重点地区开展动物冠状病毒疫源调查工作。其中，夏咸柱教授为农业部动物冠状病毒病疫源调查专家组成员，宣华教授、涂长春研究员为农业部动物冠状病毒疫源调查组成员，参加这次疫源调查的还有雷连成、高玉伟、张茂林和余兴龙等人。为了尽快控制"非典"疫情的蔓延，展现我校兽医科技攻关实力，学校主动请缨进入了追溯"非典"病源的国家队，宣华教授任国家追溯"非典"病源专家组副组长。4月30日上午，调查组从长春飞抵广州展开工作。5月24日，新华社向全国乃至全世界发布SARS病毒来源于野生动物这一重大科技攻关新闻，我校派往广州开展疫源工作的7位科技工作者做出了重要贡献。为此，宣华教授作为专家组副组长还接受了中央电视台专访。

1978年以来，我校兽医学科专业共承担"863"、国家自然基金等各类项目400多项，科技成果奖340多项，其中国家科技进步奖6项，省部级及军队科技进步奖二等奖以上成果奖40余项。在国内外学术刊物发表论文1 320多篇。1949年后至军需大学转隶地方前，共培养本科生5 134名，硕士694名，博士225名，进修生1 180多名，接受境外留学生、研修生180多名，自学考试注册学员2 000多名。

百年兽大，谁说远去？

百年兽大，谁说远去？

BAINIAN SHOUDA
SHUISHUO YUANQU

第六章
转隶地方兽医复兴之路

(2004.08—2012.11)

　　兽医大学在向农牧大学和军需大学的转型过程中，兽医学科专业连续两次受到重创，师资和学生规模均从上千人缩减至上百人，到军需大学后期仅有几十人，兽医本科专业基本不招生。空间、平台、资源、资金等均受到极大的发展限制。在这20多年里，我校兽医学科专业没有赢得改革开放带来的发展红利，也错失了我国兽医学科专业发展最快的20年。但是，军需大学转隶地方，新一代兽医人又看到了希望，重燃雄心斗志，不忘初心，牢记使命，以永不懈怠的精神状态和一往无前的奋斗姿态，继续朝着"创建国内领先的兽医学科专业"目标奋勇前进。

吉林大学农学部正门

第一节
中国人民解放军军需大学转隶地方并入吉林大学

    2003 年，我国宣布将在"九五"期间裁减军队员额50万的基础上，2005 年前再裁减 20 万，使军队总规模降至230万。2003 年 11 月 1 日，第十五次全军院校会议在北京召开，研究部署全军院校和训练机构体制编制调整改革任务，全面推进军队院校在新世纪新阶段的创新发展。2003 年 11 月 4 日，江泽民在会见出席全军第十五次院校会议代表时指出，院校体制编制调整改革是全军体制编制调整改革的重要组成部分。全军院校要坚决贯彻军委的决策部署，不折不扣地完成调整改革任务。根据这次会议精神，全军部分院校进行了撤、并、降、改、合。其中，军需大学等4所军队院校移交地方办学。

2004年5月，《国务院办公厅、中央军委办公厅关于军需大学等四所军队院校移交归属意见的复函》（国办函〔2004〕40号）：军需大学移交教育部管理，与吉林大学合并，相对独立办学。2004年8月29日军需大学正式并入吉林大学，首称"吉林大学和平分校"，后称为"吉林大学和平校区"，2004年12月30日改称为"吉林大学农学部"。

吉林大学对学部实行统一领导和管理，学部按照学校的授权，相对独立管理校区事务，学部设置党委和管理机构，独立组织教学、科研、学生、后勤、产业和资产管理工作。学部设14个机关职能处（室），4个直属单位，3个学院（畜牧兽医学院、植物科学学院、军需科技学院）、2个中心（公共教学中心、实验动物中心）和1个研究所（人兽共患病研究所）。此间，系主任王哲调学部任副学部长，张西臣为军事兽医系负责人(2004.06—2005.03)。军事兽医研究所仍为部队建制，隶属于军事医学科学院，改称为11所。为此，军需大学兽医学科一分为二，一地一军，各自发展。

50

第二节
"中国现代兽医教育百年"庆典

2004年8月27日下午，军事兽医系隆重举行"中国现代兽医教育百年庆典及中国现代兽医教育石碑揭幕仪式"。教育部党组副书记、常务副部长张保庆，总后勤部副部长孙志强中将，军内外相关领导、军需大学全体教职员工和从事军事兽医教育的退休专家、教授等参加庆典活动。庆典活动由原军需大学政治委员刘晓民同志主持，校长韩文瑜讲话，总后勤部副部长孙志强中将与教育部常务副部长张保庆在军乐队的伴奏下，兴致勃勃地为"中国现代兽医教育百年（1904—2004）"石碑揭幕。庆典仪式结束后，张保庆副部

百年兽大，谁说远去？

中国现代兽医教育百年石

长在孙志强中将和学校主要领导的陪同下，参观了军事兽医系的教研室、实验室、标本室建设，听取了韩文瑜同志关于学校移交准备工作情况的汇报。

8月29日，军需大学移交教育部与吉林大学合并大会举行。在会上，总后勤部副部长孙志强中将指出，军需大学等四所军队院校整体移交地方，是党中央、国务院、中央军委为推进中国特色军事变革、利用军队教育资源服务国家经济建设做出的重大决策。军需大学具有悠久的办学历史，是全国首批博士学位授权单位，有一支较高水平的学科人才队伍。学校与吉林大学合并办学，有利于优势互补，更好地培养高素质人才，为国家经济建设服务。教育部副部长张保庆指出，作为现代兽医教育的发源地和重要基地，军需大学为我国兽医教育的学科建设、人才培养都做出了很大贡献。军需大学移交教育部管理，与吉林大学合并，是进一步深化高校管理体制改革的重要举措，也为两所大学今后的发展提供了很好的发展机遇。吉林省省委副书记全哲洙强调，军需大学移交教育部并与吉林大学合并，不仅标志着军队院校体制改革迈出了重要的一步，同时也有利于加强国民教育和促进社会经济发展。作为教育部直属的重点综合性大学，吉林大学在推动我省高等教育改革和发展、为地方经济

中国现代兽医教育百年庆典

建设和社会进步服务，特别是在促进吉林老工业基地振兴的过程中，担负着重大责任和历史使命，并寄希望学校合并后为地方经济建设和社会发展做出更大的贡献。

中国现代兽医教育百年庆典的召开，再一次确立了我校兽医学科专业作为中国现代兽医教育起源的历史地位。随后召开的转隶合并大会标志着我校兽医将结束近百年的军旅生涯，加入地方高等教育的行列，开启新的历史征程。

第三节
吉林大学畜牧兽医学院成立

2005年1月7日，吉林大学决定将军事兽医系改建为吉林大学畜牧兽医学院。3月25日，学院在兽医楼一楼东侧会议室召开学院成立大会。张乃生任院长，张永亮任党委书记（2006年由张晓楼接任），周虚、高丰、张西臣、张晓楼任副院长，董怀智、戚英喜（2009

畜牧兽医学院成立大会

年 3 月增配，主管研究生思政工作）任副书记。学院设基础兽医学系、预防兽医学系、临床兽医学系、动物营养与饲料科学系、动物遗传与繁殖系、生物技术系、教学动物医院、实验牧场等 8 个单位。邓旭明（后调整为宋德光）、丁壮、周昌芳（2011 年由李小兵接任）、沈景林、赵志辉、欧阳红生分别任各系主任。9 月 29 日完成教师重新聘任工作，20 名教授被聘任为博士生导师，29 名副教授以上教师被聘任为硕士生导师。随后学院相继完成学生会、团委、工会、妇委会等群团组织的建立与选举工作，以及安全、就业、科技服务、保密、本科教学评估等各类领导小组的组建。至 11 月中旬，学院完成由军队院系到地方院校组织机构的调整和对接，这标志着吉林大学畜牧兽医学院实质性进入地方高等教育序列。

2009 年 6 月 27 日，学院选举并组建了以邓旭明教授为主任委员的学术委员会，以张乃生教授为主席的学位委员会，以柳巨雄教授为主任的教学委员会，从而使学院学术委员会真正成为学术评价、学术决策、学术论证和学风建设与维护的机构。

畜牧兽医学院成立后，根据办学地域和形势需求，学院开设动物医学（五年）、动物科学、生物技术（动植物）3 个本科专业。按重点本科线录取，动物医学首批招生 105 名，动物科学 60 名，生

畜牧兽医学院第一届教代会召开

物技术 105 名。2005 年在充分调研中国农业大学、南京农业大学的基础上，完成了 2005 版本科人才培养方案的制订和教学大纲的编写工作。并根据学校要求实行学年学分制，规定动物医学专业至少选修 184 学分，动物科学专业 176 学分，生物技术 175 学分。

第四节
百年兽医快速恢复发展

2004 年学校转隶地方，很多老专家老教授都选择了退休，有些老师选择了自主择业。所幸的是，绝大部分中青年教师骨干在王哲教授的动员下都留了下来。为了快速适应地方高等教育，学院深入开展了"转模式、转身份、转思想"的大讨论，把全体教职工的思想统一到办好地方高等教育上来。并通过"引、育、留"等多种措施，加快专业教师的培养进程。至 2012 年，学院在职教职员工达到 122 人，其中教师 69 人，专业技术人员 20 人，管理人员 16 人（其中含辅导员 6 人），技术工人 17 人。专业教师中，教授 25 人，副教授 19 人，讲师 25 人；具有博士学位的教师比例提高到 80%，具有一年海外留学经历教师的比例达到 70%。先后引进了赵志辉、陈启军、赖良学、李子义、刘波、王新平、杨勇军等 7 名学术带头人，选留 20 多名博士研究生，师资队伍得到进一步充实，结构得到进一步优化。2008 年，韩文瑜教授当选为教育部动物医学类教学指导委员会委员，2009 年当选国务院学位委员会第六届学科评议组成员，2012 年李子义教授被授予"吉林省五一劳动奖章"和"吉林省经济技术创新标兵"称号。刘明远、陈启军，分别于 2007 年、2008 年被评为国家杰出青年基金获得者，同时也是新世纪百千万人才工程国家级人选。杨勇军、李建华和刘国文被评为教育部新世纪人才。在 2006 年第二轮中国大学研究生院学科排名中，我校兽医学整体水平排名第三（其中，基础兽医学排名第一，预防兽医学排名第五，临床兽医学排名第三），2012 年第三轮学科评估，我校兽医学整体水平排名第四，兽医学科专业水平得到一定程度的恢复。

至 2012 年，学院畜牧学、生物学新增为一级博士授权学科。预防兽医学继续被评为国家重点学科，生物化学与分子生物学新增为国家重点学科，基础兽医学被评为国家重点（培育）学科，新增吉林省级重点学科 2 个（动物遗传育种与繁殖、临床兽医学）。畜牧学增列为博士学位授权一级学科。选聘研究生导师（含兼职）76 人，各类在校研究生 697 人。本科教育在开设动物医学、动物科学和生物技术 3 个本科专业的基础上，2009 年新增动物医学（公共卫生）、动物科学（实验动物）两个专业方向，每年本科招生规模保持在 370 人，在校本科生规模保持在 1 300 人左右。动物医学专业在 2009 年被评为国家一类特色专业。

学院科研平台、实力和经费有了质的飞跃。争取"985""211"、农林专项、修缮项目等平台经费 5 000 多万元，建成了 8 350 米 ^{2} 的独立实验教学大楼，修缮了 60 000 米 ^{2} 的农业试验基地，重新配置和装修了 1 000 米 ^{2} 教学动物医院。畜禽养殖与动物疾病防控中心为教育部农林院校试点实践基地建设项目。建成了人兽共患病教育部重点实验室，吉林省生物工程中心、动物胚胎工程研究中心、兽药工程技术研究中心、动物重大疫情诊断与防控工程研究中心等 4 个省级工程中心。在研国家级课题达到 80 项，"十一五"期间科

55

中国兽医临床大会暨兽医院长联席会合影

研经费到位累计 5 200 万元，是"十五"科研经费的 6 倍。发表高层次论文（统计核心期刊、SCI 收录论文等）累计 500 余篇，其中SCI 百余篇。先后获吉林省科技进步奖一等奖 2 项；吉林省科技进步奖二等奖 1 项；吉林省科技进步奖三等奖 1 项；获得授权专利 15项。2008 年 9 月由赖良学教授领衔的团队培育出了世界首例"带有抗猪瘟病毒基因的克隆猪"。2008 年陈启军教授领衔的人兽共患病研究团队获教育部"长江学者与创新团队"。2011 年 8 月，李子义教授率领的团队获得世界首例"赖氨酸转基因克隆奶牛"。2007 年学院被吉林大学评为科研先进单位，2011 年学院被评为吉林大学"十一五"科研先进单位。张西臣教授入选 2012 年农业科研杰出人才及其创新团队计划。

日本北里大学研修学生合影

教育教学改革不断推进。先后完成了 2009 版、2013 版本科人才培养方案和教学大纲的修订工作。2008 年动物科技实验教学中心被批准为吉林省实验教学示范中心，国家级实验教学示范中心。2009 年《动物寄生虫病》被评为国家精品课程，2013 年被列入国家精品资源共享课，填补了学部国家精品课程的空白。《动物生理学》《动物遗传学》先后被评为吉林省精品课程。动物医学教学团队、动物寄生虫病学教学团队先后获吉林省优秀教学团队。新编教材 15 部，其中，国家规划教材 2 部，实验教材 9 部。承担教学改革研究项目 44 个，公开发表教学论文 31 篇。动物医学和动物科学两个专业同时被遴选为吉林省"十二五"特色本科专业。

学院坚持对外办学。先后与日本、美国、俄罗斯、法国、英国等 20 多个国家的有关院校和科研机构建立了学术联系。与日本北里大学建立了定期互派本科生制度。承担马来西亚、我国台湾、埃及等国家或地区的全日制留学生兽医学教育。先后在山东滨州畜牧兽医研究院、天津农学院、郑州牧业高等专科学校、辽宁益康生物有限公司、广东永顺生物有限公司建立研究生培养基地。2010 年承办了中国畜牧兽医学会 2010 年学术年会暨第二届中国兽医临床大会、第八次中国兽医学院院长联席会。

学院坚持弘扬"厚德博学、自强不息"的文化精神，坚持"德为先、师为魂、生为本"的育人理念，以建设高水平研究型学院为目标，形成了"坚持全面建、围绕中心转、盯着目标抓、形成合力帮"的工作思路。2007年被评为吉林大学"三育人"先进单位，学院党委被学部评为先进党委。先后有4个班级被评为吉林大学"十佳班级"，1个班级被评为长春市"十佳班级"，多支团队被评为吉林省"社会实践优秀团队"。

畜牧兽医学院期间（2004—2012年），共培养本科生1 491名，硕士1 492名，博士592名。

第七章
阔步迈向一流学科专业
(2012.12—2018.11)

随着全球经济一体化进程加快，生活物资流通全球化，人类和动物感染人兽共患病的风险也逐渐加大。我国是动物产品生产大国，也是肉源性食品消费大国。炭疽、非洲猪瘟、禽流感、布鲁氏菌病等感染事件频发，不但对我国养殖业生产及出口带来了巨大的经济损失，也给人类与动物安全健康、人与自然和谐共生带来了巨大的挑战。同时，随着我国城市化进程提速、人口老龄化加快、青年"待婚期"延长，宠物饲养量成倍增加。城市养犬家庭从 2011 年的 1.7% 增长到 2018 年 10%，宠物数量以年均 15% 的速度在增长。此外，随着人们生活品质提升，对食品安全、环境卫生、观光农业等品质追求也越来越精细，以及动物健康养殖集约化、规模化、现代化发展，人类对珍稀动物的保护、动物疾病模型建立以及生物医药转化等，都给广大兽医工作者带来了巨大的考验和挑战。同时，也为兽医学科专业发展迎来了新的发展机遇。为了适应和跟进这种形势变化，吉林大学对畜牧兽医学科进行了相应调整。

畜牧兽医学院更名为动物医学学院仪式

第一节
更名为"吉林大学动物医学学院"

2012 年 11 月 29 日，吉林大学《关于成立动物科学学院的决定》（校发〔2012〕302 号）：畜牧学剥离学院，成立动物科学学院。同时将畜牧兽医学院更名为动物医学学院。2013 年 1 月 10 日，学院在农学部图书馆第二会议室隆重举行动物医学学院更名大会。曾凡勤副学部长宣读了"关于畜牧兽医学院更名为动物医学学院的决定"。赖良学任动物医学学院院长，张西臣任常务副院长，杨传社、柳巨雄、雷连成、刘国文任副院长。2014 年 3 月学院党委换届，张晓楼当选为书记，栾志伟、饶家辉、马春峰当选为副书记。更名后的学院设综合办、教学办、研究生与科研办、学生工作办（团委）、党委办（2018 年 6 月增设），包括基础兽医学系、预防兽医学系、临床兽医学系、兽医公共卫生系、教学动物医院和动物医学实验教学中心等 6 个单位。宋德光、丁壮、李小兵、王新平任各系主任，成军任实验教学中心主任。

2018 年 10 月 18 日，中共吉林大学第十四届委员会常委会第 79 次会议研究决定，人兽共患病研究所依托单位调整为动物医学学院。动物医学学院负责对其招生、教学、科研等各项学术、党政工作进行

中国现代兽医教育 110 周年庆典

管理，统筹规划配置其人员、财务、资产等各项资源。至此，全院教职工（含人兽共患病研究所）共 127 名，其中教授 44 名，副教授 22 名。

第二节
农学部办学模式调整及管理体制改革

2014 年 7 月，中共吉林大学第十三届委员会常委会第 100 次会议研究决定，对农学部办学模式进行调整及管理体制改革。农学部实质性融入吉林大学，不再独立管理校区事务，撤销农学部行政管理机构。8 月 2 日，学部全体干部在和平校区图书馆二楼会议室召开农学部办学模式调整和管理体制改革动员会议，标志着此项调整改革工作正式启动。

2014 年 10 月，学校完成农学部的调整及人员重新安置工作，这标志着农学部相对独立管理校区事务办学模式的结束。学院由校、部两级管理变为学校直接管理。

第三节
纪念中国现代兽医教育 110 周年

2014 年 9 月 13 日，学校隆重举行中国现代兽医教育 110 周年纪念系列活动。吉林大学党委书记陈德文教授，校长李元元院士，

原中国人民解放军农牧大学校长、吉林大学农学部关心下一代委员会副主任委员景在新少将，吉林大学双聘院士夏咸柱研究员，日本北里大学兽医学部教授胡东良，各界返校校友，校部机关、农学部班子成员、和平校区各学院、所、基地党政主要领导，以及和平校区党工委办公室、综合办各部门主要领导，动物科学学院和人兽共患病研究所全体师生参加纪念活动。

上午10点，在文体中心组织召开中国现代兽医教育110周年纪念大会。校友代表范泉水致辞，老校长景在新少将致辞，校长李元元院士发表纪念大会主题讲话。晚上19点，在文体中心举办了由长影乐团演出的纪念现代兽医教育110周年和迎接2014级新生专题电影视听音乐会。12月12日，学院全体师生以"百年兽医芳华"为主题在学部文化体育活动中心隆重举行师生联谊会，共同庆祝兽医诞辰110年，为中国现代兽医教育110周年纪念活动画上圆满句号。

第四节
一流学科建设背景下学术与行政班子换届

2014年10月，动物医学学院第一届学术委员会选举邓旭明教授为主任委员，赖良学教授、刘明远教授为副主任委员。11月，丁壮教授当选为兽医学学位委员会主席，柳增善教授、雷连成教授当选为副主席。12月，雷连成教授当选为学院研究生培养指导委员会（学术学位）主任委员，杨勇军教授为副主任委员；李建华教授当选为研究生培养指导委员会（专业学位）主任委员，李小兵教授为副主任委员。同时，教学委员会也进行了改选，李小兵教授为主任委员，柳巨雄教授为副主任委员。至此，学院完成新一届学术组织和党委组织的改选和构建。

2017年6月，动物医学学院第二届行政班子换届，刘明远当选为院长，雷连成、刘国文、贺文琦当选为副院长，2018年1月汤文庭增补为行政副院长。2018年7月，党委换届，王彦清当选为书记，栾志伟、饶家辉、马春峰当选为副书记，饶家辉当选为纪委书记。11月，学院组织系（中心、医院）中层单位领导班子换届，邱家章任基础兽医学系主任，李建华任预防兽医学系主任，付本懂任临床兽医学系主任，王新平任兽医公共卫生系主任，曹永国任教学动物医院院长，宋斯伟任实验教学中心主任。

第五节
齐头并进阔步迈入"一流学科"建设群

2017年9月21日，国家公布"世界一流大学和一流学科建设高校及建设学科名单"，吉林大学被列入首批"世界一流大学"（A类）建设高校，兽医学与医学部联合申报的"人与动物共有医学"列入首批"世界一流学科"建设学科群，并于2018年11月9日成功召开全国首次"人与动物共有医学"博士生学术论坛。

在此期间，学院在教学、科研、人才培养等方面进行了厚实的积淀和艰苦不懈的努力，取得了丰硕成绩。年均发表SCI论文约90篇，授权专利约10项。兽医学科在2014年中国校友会发布的学科专业排名中列全国第二，是吉林省重中之重学科、吉林大学高峰学科。2017年12月教育部公布全国第四轮学科评估结果，我校兽医学被评为B+。由李子义教授领衔的"转基因克隆动物"研究团队获批为教育部创新团队，其本人先后被授予"吉林省优秀共产党员""吉林省五一劳动奖章"荣誉称号。2014年"转基因克隆动物"研究团队荣获中国侨联"第五届中国侨界贡献奖"——"创新团队"奖。2014年10月，世界动物卫生组织（简称：OIE）亚太区食源性

OIE 亚太区协作中心揭牌

寄生虫病协作中心设立于人兽共患病研究所，是 OIE 在该领域在全球布局的三大中心之一。

韩文瑜教授再次当选为教育部动物医学类专业教学指导委员会副主任委员(2013 年)、第七届国务院学科评议组(兽医学)成员(2015年)，刘明远教授当选为教育部动物医学类专业教学指导委员会委员(2018 年);韩文瑜教授、张西臣教授入选第四批吉林省高级专家。自 2014 年以来，先后引进朱冠、邱家章等"国字号"学术带头人，刘明远教授和李建华教授入选国家"万人计划"，米格尔教授、李建华教授、胡东良教授入选"长白山学者"特聘教授。

"几种新型抗菌肽的基因工程制备及活性作用机制"(韩文瑜，2012 年)获吉林省科技进步奖一等奖;"人兽共患隐孢子虫病诊断与免疫防治技术"(张西臣，2013 年)获吉林省科技进步奖二等奖;"恶性疟原虫、日本血吸虫免疫逃避和致病的机理研究"(陈启军，2014 年)、"猪克隆与基因修饰技术创新及其在生物医药模型中的应用"(赖良学，2017 年)获吉林省自然科学奖一等奖;"鹅副黏病毒进化规律、跨种传播分子机制及新型弱毒疫苗候选株构建"(丁壮，2013 年)、"基于新靶点的抗菌活性单体发现及其分子作用机制研究"(于录，2013 年)、"猪血凝性脑脊髓炎的发病机理、诊断及防制技术研究"(高丰，2016 年)获吉林省自然科学奖二等奖;"旋毛虫病早期诊断抗原基因及其独特表观遗传学调控机制的发现"(刘

"创青春"全国大学生创业大赛 MBA 专项赛

明远，2014 年）获吉林省技术发明一等奖。

自 2013 年，动物科学、生物技术专业拨离学院后，学院仅承办一个主体专业，即动物医学（五年）专业，设一个专业方向即动物医学（公共卫生）（五年）方向，每年本科招生约 120 名。2017 年学校大类招生后，仅招收动物医学专业。为了提高教育教学质量，学院进行了大量的教育教学探索和改革。李子义教授主讲的《动物组织学与胚胎学》、丁壮教授主讲的《动物传染病学》新增为吉林省精品课程。张乃生教授领衔的《动物科技实验教学融合、共享、高效模式构建与实践》获吉林省教学成果一等奖（2014 年）；张西臣教授领衔的《动物寄生虫病学课程改革与实践》获三等奖（2014 年）。王玮副教授主讲的《生物电现象》，在全国首届高校微课教学比赛中获吉林省一等奖、国家级优秀奖。2018 年由赖良学教授主持的《以"一制三化""六维课堂"为核心的卓越动物医学人才培养模式构建与实践》获吉林省教学成果一等奖。

《动物寄生虫病学》列入国家十二五规划教材。《动物传染病学》入选吉林省精品课程，从而使学院省级精品课程达到 5 门。动物医学专业被吉林省评为品牌专业，并列入教育部首批拔尖创新人才培养卓越计划。2014 年成功申办卓越农林计划及试验班，2016 年教育部本科教学质量评估列校内第一名。2017 年 12 月，以吉大孵化器为投资主体，注册成立兽大动物医院有限公司（冯昌盛任董事长，刘明远、曹永国任董事，饶家辉任监事），曹永国为法人，从而使

获全国大学生动物医学专业技能竞赛特等奖

停业近一年的动物医院实现合法化。

学生典型和优秀集体不断涌现，自 2013 年以来，先后培养吉林大学"十佳研究生"2 名，"十佳大学生"2 名，"十佳学生会主席"2 名，"自强自立"大学生标兵 4 名，"十佳班级"2 个。学生读研率由22% 提升到 50%，出国留学率由 1% 提高到 7%，研究生公派出国成功率达 90%。李淑敏同学成为我校首名入选中美 DVM 项目的学员。石俊超同学获"中国大学生自强之星"称号。学院连续四次被评为吉林大学"三育人"先进单位、先进基层党委。学院"动医印迹"科教兴农团被评为吉林省"三下乡"重点团队；学院团委被评为长春市优秀基层团委；学生工作连续五年被评为长春市高校文明杯优秀管理集体。2014 年由本科生和研究生联合申报的"奶牛亚临床酮病诊断试纸"获"创青春"全国大学生创业大赛 MBA 专项赛银奖。学院代表队 2016 年、2018 年连续两届获全国大学生动物医学专业技能大赛特等奖。

对外交流更加活跃，国际化程度不断提高。2016 年 6 月，举办吉林大学－爱丁堡大学国际兽医教育与动物福利研讨会，9 月，赖良学、张西臣、丁壮、王新平、尹继刚、李建华、宋德光、李小兵等 8 人出访英国爱丁堡大学皇家兽医学校。2017 年 10 月，王彦清、刘国文、贺文琦、张西臣、王新平等 5 人出访德国吉森大学，邀请德国罗斯托克大学 Hugo Murura Escobar 研究员给本科生讲授《分子生物学》(2016—2018 年),德国汉堡大学的 W.Brown 教授讲授《病毒学》(2018 年),马来西亚国际医科大学 SaHu 讲授《免疫学》(2018 年), Miguel A.Esteban 研究员讲授《专业英语》(2018 年),美国佐治亚大学的 Corrie Brown 教授讲授《兽医病理学》(2018 年),英国伦敦大学 Andrew 教授给博士研究生讲授《兽医免疫学》(2018 年)。先后组织 3 期 (2017—2019 年) 共 31 名学生前往日本北里大学短期学习交流。

至此,按照建设"世界一流学科"方向,学院在教学、科研、人才培养、社会服务和文化传承等方面稳步前行。

百年兽大,谁说远去?

百年兽大，谁说远去？

BAINIAN SHOUDA
SHUISHUO YUANQU

第八章
百年兽医教育精神的形成与传承

　　兽医大学的发展史就是一部中国现代兽医教育的发展史，就是一部军事兽医教育的发展史。在一定程度上讲，也可以说是一部我党、我军为争取民族独立、民族解放、民族繁荣的变迁史。

　　纵观百年兽大的兽医教育，始于光绪年间，成长于战火纷飞的岁月，发展于改革大潮的70年代，在极其艰难的岁月和残酷的环境中，不断成长、发展和壮大。翻开这本百年雕饰的漫漫书卷，这里记载着她为我国解放战争的胜利立下的不朽功勋，铭刻着她为我军农牧后勤建设做出的历史贡献，承载着她在我国畜牧兽医领域的奋斗足迹和开拓史实。一代代建设者们以自己对祖国的忠勇，对人民的忠诚，对军队的忠爱，对学校的忠情，一个多世纪忠贞执着、自强不息、砥砺前行、弦歌不辍，在我国百年兽医教育史上写下了壮丽诗篇，在世界兽医文化传承史上留下了旷古绝世的雄浑乐章。回首历史可以自豪地说，百年兽医无愧于祖国，无愧于人民，无愧于军队，无愧于时代。

第一节
百年兽大历史回声

110年前，中国正处于半殖民地半封建社会，中华民族内忧外患、风雨飘摇。甲午战争失败，八国联军入侵，清王朝日益衰败没落，不得不"变法"维新，废除科举，兴办洋务，建立学堂。1904年12月1日，清政府北洋马医学堂在河北保定应运而生。马医学堂的成立，标志着西兽医正式传入中国，自此，我国才有中、西兽医之分；标志着我国现代兽医教育自此开启；标志着中国农业科研事业进入一个统一部署、全面发展的新阶段，具有划时代的重大意义。

在随后的一个多世纪，学堂数度变迁，数次更名，先后转战于河北、北平、湖南、贵州、甘肃等省办学。1912年陆军马医学堂更名为陆军兽医学校，1928年由国民党南京政府军政部接管。1949年，全校师生起义，1951年改名为中国人民解放军第二兽医学校。1953年，组建中国人民解放军兽医大学，从此揭开了新中国高等军事兽医教育的帷幕，也迎来了兽医教育由普及化向科学化发展的时代春天。1992年，承办单一兽医学科84年的中国人民解放军兽医大学更名为中国人民解放军农牧大学，实现了由兽医学科向畜牧学、农学、食品科学等多学科、综合性院校转变，与兽医教学科研生产相关的资源要素被整合为动物医学系。1999年，中国人民解放军农牧大学更名为中国人民解放军军需大学，动物医学系也随之更名为军事兽医系。2004年8月29日，学校转隶并入吉林大学，随后成立吉林大学畜牧兽医学院。2012年12月，畜牧兽医学院更名为动物医学学院。自此，步入稳态，完全融入地方国民高等教育。

第二节
百年兽大历史贡献

为我国独立解放和发展做出了历史功勋。一个多世纪以来，学校兽医学科的命运始终与国家、民族、军队的命运息息相关，数十代兽医人始终以服务军队、服务国家、服务社会为己任。虽数迁校址，却不坠科教之志，历经沧桑，但愈彰兴牧大任。抗日战争，奉命随队保障，转战南北，军马和运输骡牛在哪里，兽医学校就在哪里，跃马扬鞭，举校为战，北平、南京、湖南益阳、洪江、武汉和贵州安顺都留下了学校追求国家独立、民族解放的奉献足印。1949年后，兽医工作者们又紧紧围绕经济建设主战场，身先士卒、模范引领。抗美援朝、抗越抗印，保障军马战力；1964年我国第一颗原子弹爆炸时，组织专家开展辐射生物学研究；当SARS威胁人类健康时，义无反顾、冲锋在前；当香港、澳门回归时，我们输送政治合格的高质量食品检验检疫人才；2000年，由夏咸柱院士领衔的团队成功研制出迄今为止唯一获国家批准使用的犬用弱毒联合疫苗"犬五联弱毒疫苗"，一举打破了国外的技术垄断和封锁禁运；30多年前，研发的十三种动物病毒的分离鉴定，至今仍是广大科技工作者开展病毒学研究的基本工具和方法。2006年，成立世界首家人兽共患病研究所。2008年，克隆出世界首例"带有抗猪瘟病毒基因的克隆猪"；2011年，培育出世界首例"赖氨酸转基因克隆奶牛"。百年兽大，创造了无数的奇迹和第一，百年兽医，这个被赋予了全新内涵的名字，不断让国人瞩目，让世界关注。

为我国农业科技发展培养了大批优秀人才。建校伊始，学堂就始终倡导"中西融会、古今贯通"，日本、德国、美国、苏联等一大批学界泰斗来华潜心治学、精育良才，形成了名师荟萃、鸿儒辉

百年兽大，谁说远去？

映的盛况，并很快发展成为我国最好的兽医专科教育大学，填补了我国现代兽医教育的诸多空白。朱建璋成为我国西兽医学的开拓者；崔步瀛、贾清汉成为我国现代家畜内科学及兽医临床诊断学奠基人，杨本升成为我国现代兽医微生物学与免疫学创始人，刘心舜、叶重华、钟兰宫、钟柏新、李普霖、祖国庸、胡力生、黄孝翰、李阑泉、邓定华、倪汝选、郑策平、吴清源、李永田、任抟九、郑兆荣、费恩阁、李毓义、袁鸿锦、祝玉琦、刘闻多等一大批学术大师享誉海内外，并长期执教于此。培养了众多我国兽医学科奠基人，如我国现代生物制品杰出奠基人齐长庆，中国畜牧史和家畜繁殖学奠基人谢成侠，现代中兽医学奠基人于船，中国近代兽医元老杨守绅等，凸显了兽医大学的地位和声望。1949年后，我校兽医教育更是鼎盛中华、风靡亚洲、闻名于世，成为我国兽医师资的培训中心，兽医研究的策源基地。先后有4位院士（殷震、夏咸柱、周琪、金宁一）在这里学习成长，数以千计的中青年科学家和兽医杰出人才在这里学习成才，为军队输送了大批政治合格、专业过硬的高素质后勤人才，为我国动物疾病防控、动物性食品卫生检验、各农业高校和国家动物相关行业和领域输送了大批专业俊才。从这里走出的将军数以百计，走出的教授、师团职干部数以千计，还有一批政界精英、商业巨子、教育家、企业家和社会活动家，他们在各自的领域出类拔萃，敬业勤奋，自强不息，建功立业，并以具有基础扎实、工作务实、为人朴实、作风踏实的鲜明品格而著称，为母校赢得了声誉，为国家富强和民族进步做出了重要贡献。

为推动我国兽医学科专业发展做出了重大贡献。百年兽医历尽艰辛，却始终斗志昂扬。兽医大学时期，我们励志兴业、大展宏图，以单一的兽医学科为基础承办一所大学，延续了84年，创造了世界高等教育史上的奇迹。农牧大学和军需大学时期，面对国家和军队体制和人才需求巨变，我们处变不惊、自强不息、勇对挑战、笑傲未来。在紧缩编制、人员骤减的情况下，仍向其他学科输送了大批复合型人才，为学校的变革和学科调整做出了历史性贡献。2004年，学校转隶后，当代兽医工作者们再一次紧紧抓住学科发展的重大机遇，同心同德、勤奋工作，携手推动了兽医学科的快速复兴，成为学校学科发展的璀璨明星。2007年，继预防兽医学被评为国家重点学科后，基础兽医学又被评为国家重点培育学科；在教育部学位中心开展的四轮全国学科评估中均名列前茅；2014 年世界动物卫生组织（OIE）亚太区食源性寄生虫病协作中心设立，成为 OIE 在该领域在全球布局的三大中心之一。2017 年"人与动物共有医学"成为国家首批"双一流"建设学科。百年兽医波澜曲折、几度调整，无论时局如何变化，人员如何轮换，我们始终栉风沐雨、百折不挠，坚守兽医的光荣与梦想，始终薪火相传、励志图强，成就了兽医教育的厚重与荣耀，谱写了一曲艰苦创业、勤勉兴业的奉献之歌。

第三节
百年兽大精神传承

115 年风雨兼程，115 年气壮山河，115 年弹指一挥间。回首百年兽医走过的漫长历程，是什么精神？什么力量激励着一代又一代兽医人用他们的青春、智慧、激情、汗水乃至生命来共同谱写世人难以理解、艰辛波折的百年兽医奋斗史！百年兽大的精神又是什么呢？

一是执着高远的理想信念。现代兽医诞生于国家危亡之时，成长于民族振兴之际，勃发于祖国富强之日。兽医百年始终忠贞于党、国家和人民。成立之初，先贤们就把争取民族解放、独立作为己任；1949 年后，又把振兴农牧、保障军队后勤现代化、建设富强国家作为光荣使命。数十代兽医人始终情系国家、民族、军队，顺应时代发展趋势，勇于担当历史赋予的责任，理想高远，追求卓著。可以说，115 年的历史，就是一部始终和国家命运紧密相连的发展史，就是一部与民族振兴交相辉映的创业史，就是一部信念执着、追求高远、勇攀高峰的奋斗史。

二是自强不息的奋进精神。115 年，兽医多少次面临存亡的生死选择，兽医有多少次被调整和压缩。但我们始终服从大局、做强自我。坚持创新发展、内涵发展、特色发展，始终在化解矛盾中前进，在克服困难中发展，在总结经验中提高。培育出了一种靠奋斗赢得作为、靠建设凝聚力量、靠发展保持生机的自强不息精神。这种精神，是在多次的历史变革中铸造和凝练出来的宝贵精神财富，是勇于进

砺志石

取的创业品格，也是百年兽医复兴和不断实现跨越的强大精神动力。

三是朴实厚重的"四业"校风。"四业"校风是兽医大学景在新将军总结和凝练出来的，即"敬业、勤业、精业、创业"。历史史实和实践经验告诉我们，"四业"校风可以正教风，激发教员为人师表；"四业"校风可以正学风，激发学生勤学躬行；"四业"校风可以正作风，激发员工"三全"育人。什么时候坚持了"四业"校风，什么时候学科就发展了，什么时候"四业"校风坚持好了，学科就发展得更好一些。也正是因为"四业"校风的继承和发展，我们的兽医学科才蜚声中外，誉动全球，也正是因为"四业"校风的继承和发展，我们才培养了一批又一批又红又专的优秀科技人才，也正是因为"四业"校风的继承和发展，同学们才勇于奔赴新疆、西藏、青海等艰苦地区就业，扎根基层建功立业，谱写一曲曲"四业"校风闯天下的兴业之歌。

四是追求卓越的军旅血脉传承。现代兽医 115 年，其中 1956 年移交地方，1962 年又恢复部队建制，军旅生涯 94 年，94 年的军队血脉，铸就了一代又一代的兽医人强烈的使命意识和忧患意识，形成了艰苦创业、爱岗善思、不怕牺牲、英勇善战、一往无前、追求卓越的优良品质。也正是有了这些"红色基因"的传承，无论遇到多大的困难、承担多么危重的使命，我们都有知难而进的信心和勇气，都能回应党、国家、学校以及社会各界的期盼，不辱使命、奋发有为。

115年，是一座现代兽医教育发展的重要里程碑，也是一个创新跨越的新起点。面对国内外各种前所未有的挑战。当代兽医人要深刻剖析优势和差距，增强知难而进的勇气和决心，始终坚持志存高远、脚踏实地、自强不息、日新为道、奋楫直行、加快发展，为实现世界一流学科的理想目标，在中华民族伟大复兴和人类文明进步的浩荡洪流中，续写兽医的新传奇，创造兽医的新辉煌！

附录一 各个历史阶段的编制体制

（一）中国人民解放军兽医大学编制体制

1954年5月1日，中央军委（54）军篇令字第97号命令，颁布中国人民解放军兽医大学编制（正军级单位），共编1 356人（含学员1 081人，编9个连队），任命何济林为校长，萨音为副校长，曹荫槐为副政委。

校机关设：训练部，下辖校务科、文具教具供给科、研究室；政治部，下辖组织、干部、保卫、宣传、青年各科和俱乐部；物资保障部，下辖军需科、给养管理科、卫生所；队列科，下辖保密室、警通排；财务科以及兽医所、畜牧场等直属单位。

全校设置军事后勤、政治、语文、数量、化学、解剖、动物、生理、药理、微生物学、病理生理、病理解剖、内科、外科、传染病学、寄生虫学、卫生、畜牧、产科、蹄铁、兽医勤务等21个学系。共有专业教师89名，显微镜300余台，图书两万多册，建筑面积33 383米^2。

1986年11月6日820号文件，总后勤部颁发兽医大学编制表。

学校执行军级权限。其主要任务是为全军培养兽医专业干部，以本科生为主，学制四年；鉴于全军兽医干部缺额甚多，也举办专修科。专修科兽医班学制二年，药剂检验、铁蹄班学制一年。学校编制员额：军人517名，职员1 079人，学员854名。

学校机关设训练部、政治部、校务部，辖畜牧系、卫检系、附属兽医院、军事兽医研究所。

训练部设办公室、教务处、科研处、政治处、中心实验室。直辖军事共同科目教研室、勤务防护教研室、组胚学教研室、生物学教研室、电子计算机教研室、电化教学中心、研究生队、轮训队。

校务部设军务处、财务处、军需处、卫生处（辖门诊部）、营房处、管理处、政治处、图书馆。直辖汽车队、通信站、警卫连。

校直辖畜牧系、卫检系和军事兽医研究所。

畜牧系下辖动物繁殖教研室、饲养卫生教研室、经济动物教研室、水产学教研室、水产养殖教研室、畜牧机械教研室、实验牧场、畜牧学员一队、畜牧学员二队。

卫检系下辖病理检验教研室、理化检验教研室、微生物检验教研室、兽医卫生检验教研室、畜产品加工教研室、卫检学员队。

附属兽医院下设医教部、政治部、院务部、内科学教研室、外科学教研室、传染病学教研室、寄生虫病学教研室、中兽医学教研室、门诊部、药局、检验科、兽医学员队。

军事兽医研究所机关设科技处、政治部、管理处，直辖第一中试室、第二中试室、第三中试室、第四中试室、第五中试室、同位素室、基因工程实验室、犬病中心药理毒理研究室、病毒学研究室、细菌学研究室、昆虫寄生虫学研究室、兽医公共卫生研究室。

（二）中国人民解放军农牧大学时期院系编制表

1992 年 8 月 26 日中央军委决定将"中国人民解放军兽医大学"更名为"中国人民解放军农牧大学"后。学校执行军级权限。机关设教务部、政治部、军务处（下辖办公室）、教保处、总务处、图书馆、农业科学研究所（科研处）。下辖基础部、农学农机系、农业经济管理系、畜牧水产、动物医学系、军事兽医研究所。

著名专家有工程院院士、动物病毒学一级教授殷震；一级教授：兽医微生物学专家杨本生、动物病理学专家邓兆荣、传染病学专家费恩阁；二级教授：兽医微生物专家邓定华、内科学和兽医临床学专家李毓义。

基础部下设军事共同科目教研室、政治理论教研室室、外语教研室、数学教研室、物理教研室、化学教研室、生物学教研室、动物解剖学教研室、动物组织胚胎学教研室、动物生理学教研室、动物生物化学教研室、兽医药学教研室、动物微生物学教研室、三防与管理教研室、生物技术应用教研室、计算机教研室、电化教学中心、农牧教育教研室、实验动物教研室、中心实验室。

畜牧水产系下设动物繁育学教研室、饲养卫生学教研室、动物生产学教研室、水生态学教研室、水产养殖教研室、鱼病学教研室、实验牧场、水产养殖实验场、学员六队、轮训队。

动物医学系下设兽医病理学教研室、兽医内科学教研室、兽医外科学教研室、兽医传染病学教研室、兽医寄生虫病学教研室、中兽医学教研室、动物性食品卫生教研室、食品微生物学教研室、食品理化学教研室、农产品加工教研室、畜水产品加工教研室、附属兽医院、食品加工实习基地、军犬繁育卫生研究中心、学员七队、研究生队。

（三）中国人民解放军军需大学时期院系相关编制构成

1999 年 4 月 26 日中央军委决定将"中国人民解放军农牧大学"改称为"中国人民解放军军需大学"后。学校执行副军级权限。隶属总后勤部。总后勤部于 1999 年 10 月 19 日颁发军需大学编制表。专业设置：后勤指挥、军需工程、机械工程与自动化、农学、动物科学、动物医学（5 年）、农业经济管理 7 个本科专业，农学、农业机械化、水产养殖、农业经济管理 4 个大专专业和农学 1 个中专专业。

机关设训练部、政治部、校务部、科研部。校直辖基础部、军需工程系、军需管理系、农业经济管理系、农业副业生产系、动物科技系、学员旅、军事兽医研究所、农业科学研究所。

基础部下设军事共同科目教研室、政治理论教研室室、外语教研室、中国语言文学教研室、外语教研室、计算机教研室、数学教室、物理与军事高技术基础教研室、化学教研室、生物学教研室、生物化学教研室、健康教育教研室、中心实验室、生物技术应用教研室、教育信息教研室。

动物科技系设基础兽医学教研室、动物繁育教研室、动物营养教研室、水产养殖教研室、预防兽医学教研室、临床兽医学教研室、实验动物中心、实验牧场、附属兽医院。

时有博士生导师 20 人，硕士生导师 110 人，在全国一、二级学术机构担任副理事长以上职务的 32 人。著名专家有专业技术一级教授郑兆荣、费恩阁、殷震、邓定华、杨本升；专业技术二级教授有李毓义；专业技术三级教授有王世若、汪玉松、朱维正、田家良、刘健、郭文场、李彦舫、王哲。

（四）吉林大学农学部时期学院编制构成

根据国务院办公厅、中央军委办公厅 2004 年 5 月 29 日批复：中国人民解放军军需大学，移交教育部管理，与吉林大学合并，相对独立办学。2004 年 8 月 29 日中国人民解放军军需大学正式并入吉林大学，2004 年 12 月 30 日改称"吉林大学农学部"。吉林大学对学部实行统一领导和管理，学部按照学校的授权，相对独立管理校区事务，学部设置党委和管理机构，独立组织教学、科研、学生、后勤、产业和资产管理工作。

农学部设 14 个机关职能处（室），4 个直属单位，3 个学院（畜牧兽医学院、植物科学学院、军需科技学院）、2 个中心（公共教学中心、实验动物中心）和一个研究所（人兽共患病研究所）。

畜牧兽医学院下辖基础兽医学系、临床兽医学系、预防兽医学系、动物遗传与繁殖系、动物营养与饲料科学系、实验教学中心、动物医院、实验牧场、动物繁育基地（大西猪场）。招收专业有动物医学、动物科学、生物技术，2009 年增设动物医学（公共卫生）、动物科学（实验动物）方向。

著名专家有（二级教授）：兽医内科学王哲，兽医微生物与免疫学韩文瑜，兽医寄生虫病学张西臣、陈启军。

（五）2018 年 5 月吉林大学重新核对动物医学学院编制

动物医学学院为正处级单位，设院长 1 名，业务副院长 3 名，行政副院长 1 名，书记 1 名，副书记 3 名。辅导员系列设 4 名（含副书记 1 名、学生工作办公室主任 1 名、团委书记 1 名），行政编制 12 名（含书记 1 名、行政副院长 1 名、副书记 2 名）。设 5 个办公室：党委办公室、行政综合办公室、学生工作办公室（团委）、教学办公室、研究生与科研办公室。

学院下辖基础兽医学系、预防兽医学系、临床兽医学系、兽医公共卫生系、教学动物医院、实验教学中心等 6 个单位。

徐华清(1904 年 12 月)　　北洋马医学堂总办

汤富礼(1907 年 4 月)　　陆军马医学堂总办

姜文熙(1912 年)　　陆军兽医学校校长

刘葆元(1917 年—1922 年 10 月)　　陆军兽医学校校长

朱建璋(1922 年 10 月—1928 年)　　陆军兽医学校校长

王毓庚(1928 年—1931 年 7 月)　　陆军兽医学校校长

陈尔修(1931 年 8 月)　　陆军兽医学校校长

何应钦(1938 年 8 月)　　陆军兽医学校校长

杨守绅(1945 年)　　陆军兽医学校校长

贾清汉(1948 年)　　西南军区兽医学校校长

　　　　　(1951 年 10 月 25 日)中国人民解放军第二兽医学校校长

任抟九(1953 年 2 月—1954 年 2 月)

　　　　　　　　中国人民解放军兽医大学校长(正师)

何济林(1954 年 2 月—1956 年 8 月,1962 年 3 月—1978 年 12 月)

　　　　　中国人民解放军兽医大学　　校长(正军职)

王羲之(1978 年 3 月—1983 年 12 月)　　校长(正军职)

王二中(1983 年 12 月—1985 年 12 月)　　校长(正军职)

吴乐群(1985 年 12 月—1989 年 9 月)　　校长(正军职)

景在新(1989 年 9 月—1998 年 1 月)　　校长(正军职)

李德雪(1998 年 1 月—2001 年 10 月)　　校长(正军职)

冯　亮(2001 年 11 月—2003 年 6 月)　　校长(正军职)

耿正望(2003 年 7 月—2004 年 5 月)　　校长(正军职)

韩文瑜(2004 年 6 月—2005 年 1 月)　　校长(副军职)

叶重华（1956—1962 年）　　临床教学兽医院院长

张功甫（1962—1970 年）　　临床教研部主任

刘官荣、王铸久（1970—1980 年）

　　　　　　　　　　　　军马医院（附属兽医院）院长

费恩阁（1980—1982 年）　　　附属兽医院院长

李双海（1982 年）　　　　　　附属兽医院院长

李代杰（1982 年 12 月—1987 年）　　附属兽医院院长

王占江（1987—1988 年）　附属兽医院院长

钱　锋（1989—1994 年）　附属兽医院院长、动物医学系主任

刘振润（1994—1995 年）　动物医学系主任

王　哲（1995 年 10 月—1999 年 3 月）　动物医学系主任

王　哲（1999 年 4 月—2002 年 5 月）　　动物科技系主任

王　哲（2002 年 6 月—2004 年 5 月）　　军事兽医系主任

张西臣（2004 年 6 月—2005 年 3 月）　　军事兽医系负责人

张乃生（2005 年 3 月—2012 年 11 月）　畜牧兽医学院院长

赖良学（2012 年 12 月—2017 年 5 月）　动物医学学院院长

刘明远（2017 年 5 月—）　　　　　　动物医学学院院长

83

历任政委（书记）：

关东升、田炳煊（1956—1962 年）　临床教学兽医院政委

侯　剑（1962—1970 年）　临床教研部主任政委

胡忠富（1970—1980 年）　附属兽医院政委

格　菲（1980—1983 年）　附属兽医院政委

崔庆祥（1983—1987 年）　附属兽医院政委

宋文元（1988—1994 年）　附属兽医院政委

邢济明（1995—1996 年）　动物医学系政委

姜桂林（1997—2002 年）　动物医学系政委

李成水（2003—2004 年）　军事兽医系政委

张永亮（2005—2006 年）　　畜牧兽医学院书记
张晓楼（2006—2013 年）　　畜牧兽医学院书记
　　　　（2013—2016 年）　　动物医学学院书记
王彦清（2017 年—）　　　　动物医学学院书记

历任副院长（副主任、副书记）：

祝玉琦、高光明、李毓义、宋有信、任其林、由杰、田家良、
王占江、杨哲、张映光、钱峰、陶伦、畅英杰、曾凡勤、陈新、赵
军安、于景海、张西臣、高丰、周虚、赵志辉、董怀智、杨传社、
戚英喜、柳巨雄、雷连成、刘国文、栾志伟、饶家辉、马春峰、贺
文琦、汤文庭

动物解剖学：李玉良、刘心舜、尹鹏文、何明武、杨维泰、王大杰、
吴耀增、武世珍、金龙洙、王国元、刘波、安铁洙、赖良学、宋德光、
张巧灵、兰云刚

动物组织学与胚胎学：黄孝翰、李玉秀、马胜利、易旭东、王铁恒、
李德雪、文兴豪、杨振国、李子义、黄建珍、孙晓燕、岳占碰、张学明、
唐博

动物生理学：李兰泉、李永田、徐佐钦、李尚仁、王德林、景在新、
张玉生、胡仲明、曹长清、顾为望、柳巨雄、曾凡勤、陈巍、王玮、
郭斌

生物学：郭文场、刘颖、李彦舫、冯怀亮、杨松涛、张亚兰

动物生物化学：汪玉松、崔青山、崔仲才、姜文英、吴继军、
张玉静、王映强、赵建军、刘万臣、欧阳红生、张永亮、刘松财、
逄大欣、张明军、艾永兴、宋宇、任林柱、王铁东、于浩、王大成、
郝琳琳

兽医药理学与毒理学：郑藻杰、赵即民、吴弋镰、淡伦、姜立英、
闫继业、张士雁、李东郊、田惠英、阎章年、杨永胜、梁德勇、邓旭明、

吴永奎、程远国、冯海华、付守鹏、邱家章

兽医病理学：刘葆元、叶重华、郭璋山、刘心舜、郑兆荣、倪汝选、王明志、邱震东、张远钰、彭道秀、王水琴、杨盛华、刘宝岩、潘耀谦、刘伟杰、薄清如、高丰、杨振国、贺文琦、赵魁

兽医微生物与免疫学：杨本升、刘景华、黄和瓒、王世若、刘玉斌、宋耀彬、陈宗泽、冯书章、韩文瑜、王兴龙、雷连成、杨勇军、彭其胜、张茂林、段铭、冯新、顾敬敏

兽医传染病学：朱建璋、费恩阁、邓定华、王殿瀛、萨音、殷震、李佑民、朱维正、陈采苣、邢德坤、郝崇、韩慧民、陶全福、夏咸柱、刘子、候世宽、马丛林、刘振润、万遂如、宣华、朱平、杨臣、姚湘燕、李六斤、金宁一、丁壮、涂长春、王新平、章金刚、扈荣良、母连志、丛彦龙、尹仁福

兽医寄生虫病学：刘文多、胡力生、李德昌、张信、刘俊华、孙恩贵、王祥生、张西臣、陈启军、李建华、尹继刚、王学林、姜宁、宫鹏涛

兽医公共卫生学：袁鸿锦、李普霖、陈贵连、郑明光、马成林、陈其昌、周志江、柳增善、胡铁军、刘明远、卢强、武军、张铁华、周玉、任洪林、卢士英、胡盼

兽医内科学：崔步瀛、贾清汉、祝玉琦、钟兰宫、王宪楷、刘应义、李毓义、李永效、谢庭树、刘志尧、宋有信、尚德元、熊云龙、刘明克、叶远森、张盛云、马鸿胜、李学勤、王哲、姜玉富、张乃生、高英杰、龚伟、刘国文、李小兵、杨正涛、李心慰

兽医外科学：吴清源、钟柏新、李代杰、李哲、李京城、钱峰、尚建勋、朱余九、王振英、韩永才、阎贺、徐英泉、王玉森、孙大丹、丁国安、宋继忠、周昌芳、靳朝、谢光洪、付云贺

兽医产科学：肖音、李颖松、孟宪刚、郭顺元

中兽医学：田炳煊、于涌泉、张恒涛、崔伦贤、王绍维、朱耀文、彭望奕、陈世铭、李养贤、杜荫轩、李绪惠、仲伟良、韦旭斌、申海清、付本懂、伊鹏霏

军事兽医勤务学：任抟九、吴乐群、高超然、戚汝春、方厚华、孙承志

高级兽医师：张振勇、湛万山、赵凤玉、曲廷君、于洪俊、路景明、

百年兽大，谁说远去？

赵洪祥、赵永昌、杨增堪、杨春富、卜菊九、段自芳、潘贤、钱顺生、封蔚玲、辛先福、李有长、杨德才

　　高级实验师：杜洪识、尹栋林、梁焕春、李德、范振勤、臧家仁、李学勤、韩红卫、杨举、祝万菊、闫广谋、李颖、宋斯伟、于子阳、郭昌明

　　高级工程师（正高）：成军

　　高级药剂师：林勋杰、陈江宁

　　动物生产学：田家良、王智、刘兆兴、孙金海、侯万文

　　动物繁殖学：刘健、梁冠生、张嘉保、周虚、王贞友、李纯锦

　　实验动物学：陈成功、陈振文、任文陟

　　经济动物学：陈成功、金学顺

　　水产养殖学：王振英、黎成耀、潘连德

　　动物环境与营养学：胡坚、郭城、张光圣、李荣文、刘兆新、沈景林、王玉平、丁洪浩、周长海、张晶

　　动物遗传学：祖国庸、赵志辉、牛淑玲、邢沈阳、孙博兴、闫守庆、杨润军

附录四
学位授权学科、专业分布表

类别	学科门类	学科、专业名称	批准批次
博士后流动站	农学	兽医学	1995 年
	理学	生物学	1997 年
博士学位授权 一级学科	农学	兽医学	1998.6（第七批）
	农学	畜牧学	2011.03（第十一批）
	农学	生物学	2006.01（第十批）
博士学位授权 学科、专业	理学	生物化学与分子生物学	1993.12（第五批）
	理学	动物学	2006.01（第十批）
	农学	动物遗传育种与繁殖	2006.01（第十批）
	农学	动物营养与饲料科学	2011.03（第十一批）
	农学	基础兽医学	1981.11（第一批）
	农学	预防兽医学	1981.11（第一批）
	农学	临床兽医学	1998.06（第七批）
	农学	人兽共患疫病学	2006 年申请自设
	农学	兽医公共卫生	2011 年自设
硕士学位授权 学科、专业	理学	动物学	第五批（1993 年）
	理学	生物化学与分子生物学	第二批（1983 年）
	农学	动物遗传育种与繁殖	第五批（1993 年）
	农学	动物营养与饲料科学	第三批（1986 年）
	农学	基础兽医学	第一批（1981 年）
	农学	预防兽医学	第一批（1981 年）
	农学	临床兽医学	第一批（1981 年）
专业学位	兽医	兽医博士、兽医硕士	
双一流学科	学科群	人与动物共有医学	第一批（2018 年）

年度	博士研究生		硕士研究生	
	招收	授予学位	招收	授予学位
1953 年			10	
1954 年			13	
1965 年			7	
1978 年			9	
1979 年			7	
1980 年			2	
1981 年			1	8
1982 年			14	6
1983 年	1		18	5
1984 年			38	1
1985 年	2	1	50	18
1986 年	2		57	20
1987 年	1		44	59
1988 年	3	2	14	59
1989 年		2	6	70
1990 年	1	1	4	69
1991 年	3	3	6	19
1992 年	8		23	9
1993 年	6		19	18
1994 年	10	4	21	14
1995 年	9	8	26	20
1996 年	17	6	18	23

年度	博士研究生		硕士研究生	
	招收	授予学位	招收	授予学位
1997 年	17	5	21	15
1998 年	15	8	29	20
1999 年	16	15	36	19
2000 年	20	17	35	31
2001 年	32	17	53	31
2002 年	32	15	70	40
2003 年	22	20	24	31
2004 年	53	30	109	50
2005 年	46	31	105	50
2006 年	72	24	123	24
2007 年	70	48	108	152
2008 年	58	39	105	111
2009 年	57	49	132	119
2010 年	61	48	129	13
2011 年	63	54	143	82
2012 年	41	43	82	119
2013 年	47	57	102	92
2014 年	22	44	86	81
2015 年	39	39	77	84
2016 年	27	24	84	103
2017 年	27	25	97	75
2018 年	34	39	99	82
合计	933	719	2 223	1 838

90

百年寿大，谁说远去？

专业	动物医学		公共卫生		动物科学		实验动物		生物技术	
年度	招生	毕业	招生	毕业	招生	毕业	招生	毕业	招生	毕业
2004 年	105				60				105	
2005 年	123				99				124	
2006 年	112	79			96	30			132	
2007 年	109				87				89	
2008 年	109				92	59			95	105
2009 年	109	103	41		93	95	49		59	120
2010 年	110	123	43		83	96	30		59	128
2011 年	85	110	28		71	83	31		59	88
2012 年	105	108	42		74	78	27		60	86
2013 年	115	98	52							
2014 年	74	100	52	36						
2015 年	72	84	22	39						
2016 年	79	76	25	25						
2017 年	99	94		37						
2018 年	117	87		40						

91

1985 年以来重要科研成果名录（省部级二等奖以上）

序号	科研奖励项目名称	主责人	奖项类别与等级水平	时间
1	水貂病毒性肠炎的防制研究	吴 威	国家科技进步奖二等奖	1985
2	孕马血清激素的提纯与使用	白景煌	国家科技进步奖二等奖	1985
3	胶粘橡胶马掌的研制与应用	刘书奇	国家技术发明奖三等奖	1985
4	应用胎猪肠组织单层细胞培养猪流行性腹泻病毒的研究	宣 华	军队科技成果奖一等奖	1985
5	马、羊脑脊髓丝虫病的防制研究	徐彦波	军队科技成果奖一等奖	1986
6	十三种动物病毒的分离与鉴定	殷 震	国家科技进步奖二等奖	1987
7	马、羊脑脊髓丝虫病的研究	徐彦波	国家科技进步奖三等奖	1987
8	梅花鹿流行性狂犬病研究	胡敬尧	军队科技进步奖一等奖	1987
9	碳酸盐缓冲合剂对马不全阻塞性大肠便秘疗效观察	李毓义	军队科技进步奖二等奖	1987
10	肾上腺素能 β 受体激动剂 FT-365 制剂的研究	李德雪	军队科技进步奖二等奖	1991
11	特种武器伤害的兽医防护	淡 伦	国家科技进步奖三等奖	1992
12	桔皮提取物对家兔耳（足）螨病治疗研究	刘俊华	国家科技进步奖三等奖	1992
13	纤维素酶高产菌株选育和应用研究	陈侠甫	军队科技进步奖一等奖	1992
14	绵羊实验性钼中毒研究	李毓义	军队科技进步奖二等奖	1992

序号	科研奖励项目名称	主责人	奖项类别与等级水平	时间
15	火鸡精液生理及人工授精研究	周 虚	军队科技进步奖二等奖	1992
16	高钙日粮蛋鸡相对性锌缺乏研究	王 哲	军队科技进步奖二等奖	1993
17	兽医遗传病理学研究	梅文辉	内蒙古科技进步奖一等奖	1994
18	母猪初情期生理及诱导初情期前母猪发情排卵的研究	周 虚	军队科技进步奖二等奖	1995
19	牛"烂蹄坏尾"病因及其防治研究	李毓义	国家科技进步奖三等奖	1996
20	马立克氏病双价灭活苗的研究	朱维正	军队科技进步奖二等奖	1996
21	伪狂犬病 gp50 基因的克隆表达与免疫的研究	娄高明	军队科技进步奖二等奖	1996
22	牛病毒性腹泻病毒的诊断与流行病学及病毒分子差异	王新平	军队科技进步奖二等奖	1997
23	犬与貂、狐等毛皮动物主要病原生物学研究	殷 震	国家科技进步奖三等奖	1997
24	"军牧 1 号"新品系猪的选育研究	侯万文	军队科技进步奖一等奖	1997
25	"军牧 1 号"白猪选育	侯万文	国家科技进步奖三等奖	1999
26	黄牛"猝死症"防治技术研究	李佑民	吉林省牧业科技进步奖一等奖	1999
27	反刍兽胃肠弛缓病因及防治研究	李毓义	军队科技进步奖二等奖	1999
28	犬五联弱毒疫苗	夏咸柱	国家科技进步奖二等奖	2000
29	新城疫病毒生物学特性、分子流行病学调查及其基因重组疫苗实验研究	丁 壮	军队科技进步奖二等奖	2004
30	吉戎兔选育与产业化生产模式研究	张嘉保	吉林省科技进步奖二等奖	2006
31	吉戎兔选育及产业化生产配套技术研究	王玉平	吉林省科技进步奖二等奖	2007
32	4 种人兽共患病原细菌耐药机制及耐药性抑制剂	韩文瑜	吉林省科技进步奖一等奖	2009
33	贾第虫病毒分离鉴定及其转染载体构建与应用	张西臣	吉林省科技进步奖二等奖	2009

序号	科研奖励项目名称	主责人	奖项类别与等级水平	时间
34	奶牛酮病主要发病环节的分子机制及防治基础	王 哲	吉林省科技进步奖一等奖	2010
35	食品污染物免疫学快速检测技术基础研究	柳增善	吉林省科技进步奖二等奖	2010
36	鸡球虫宿主细胞侵入分子及其保护性免疫机制	李建华	吉林省科技进步奖一等奖	2011
37	几种新型抗菌肽的基因工程制备及活性作用机制	韩文瑜	吉林省科技进步奖一等奖	2012
38	鹅副黏病毒进化规律跨种传播分子机制及新型弱毒疫苗候选株构建	丁 壮	吉林省自然科学奖二等奖	2013
39	基于新靶点的抗菌活性单体发现及其分子作用机制研究	于 录	吉林省自然科学奖二等奖	2013
40	人兽共患隐孢子虫病诊断与免疫防治技术	张西臣	吉林省科技进步奖二等奖	2013
41	恶性疟原虫、日本血吸虫免疫逃避和致病的机理研究	陈启军	吉林省自然科学奖一等奖	2014
42	旋毛虫病早期诊断抗原基因及其独特表观遗传学调控机制的发现	刘明远	吉林省技术发明奖一等奖	2014
43	猪血凝性脑脊髓炎的发病机理、诊断及防制技术研究	高 丰	吉林省自然科学奖二等奖	2016
44	猪克隆与基因修饰技术创新及其在生物医药模型中的应用	赖良学	吉林省自然科学奖一等奖	2017

94

序号	内容	等级	署名	时间
1	实行"立体式"教学法，培养高科技人才群体	军队级一等奖	殷震 等	1989
2	以部队需要为导向的"三环相融"办学模式的建立、运作及效果	军队级一等奖	景在新、赖佛新、田家良、胡仲明、曾凡勤	1993
3	三个阶段、五个课堂德育模式	军队级二等奖	李应宁、侯新武、林继福、董华、李贺军	1993
4	《动物组织学彩色图谱》	吉林省优秀图书一等奖	李德雪 等	1996
5	军队现代农牧教育体系的建立及实践	国家教学成果二等奖	景在新、王松年、李德雪、胡仲明、曾凡勤	1997
6	尿液的浓缩与稀释	全国普通高等学校优秀计算机辅助教学软件三等奖	柳巨雄、侯友谊、范振勤	1997
7	生物学科教学建设及效果	军队级二等奖	李彦舫、郭文场、张亚兰、杨松涛、李训德	1997
8	硕士生共同课《动物免疫学》"基础加模块"的授课模式	军队级二等奖	王世若、韩文瑜、王兴龙、梁焕春	1997
9	实施导学式教学方法，增加自学比重，着力培养"能力型"人才	军队级四等奖	宣华、刘振润、石建平、杨臣、李春信	1997
10	隐孢子虫病	吉林省教育技术成果一等奖	张西臣 等	2000
11	着眼"三高"抓建设，立足打赢育人才	全国人文科学优秀成果二等奖	李德雪 等	2001

序号	内容	等级	署名	时间
12	猪囊虫病	全国农业院校多媒体教材评比三等奖	张西臣 等	2001
13	东毕血吸虫病	吉林省教育技术成果一等奖	张西臣 等	2001
14	以部队需求为牵引办学机制的建立与实践	军队级二等奖	李德雪、胡仲明、田家良、曾凡勤	2001
15	构建"素质型"课堂的实践探索	军队级二等奖	韩文瑜、王千、马文英、丁洪浩	2001
16	旋毛虫病多媒体课件	吉林省教育厅一等奖	杨举、张西臣、李建华	2002
17	细胞生物学网络课程的建设	吉林省教育技术成果二等奖	邢沈阳 等	2004
18	双向电泳实验技术	吉林省高等学校教育技术成果影视教材三等奖	刘松财 等	2008
19	组织切片制作与染色	吉林省教育技术成果影视教材类三等奖	岳占碰、程宣琳、张学明	2008
20	鸡新城疫免疫方法	全国教育影视优秀作品大赛二等奖	丁壮 等	2010
21	《动物寄生虫病学（第3版）》	吉林省优秀教材一等级奖、全国优秀农业教材一等级奖	张西臣、李建华、尹继刚、李国江、杨举	2011
22	高校动物类本科专业实验系列教材	吉林省优秀教材三等奖	曾凡勤、成军、雷连成、张晶、于浩	2011
23	《动物病理解剖学》	吉林省优秀教材三等奖	高丰、贺文琦、王凤龙、王龙涛、王选年	2011
24	畜牧兽医专业英语听力教程	吉林省优秀教材三等奖、全国多媒体教育软件大奖赛二等奖、吉林省高等学校教育技术成果二等奖	周虚、王守宏、杨素芳、曾凡勤、丁洪浩	2011
25	综合性大学涉农专业人才培养体系的构建与实践	吉林省教学成果一等奖	韩文瑜、曾凡勤、张乃生、丁洪浩	2013
26	动物科技实验教学融合、共享、高效模式构建与实践	吉林省教学成果一等奖	张乃生、饶家辉、成军、杨举、李莉	2013

序号	内容	等级	署名	时间
27	动物寄生虫病学课程改革与实践	吉林省教学成果三等奖	张西臣、李建华、尹继刚、宫鹏涛、杨举	2013
28	生物电现象	全国首届微课比赛优秀奖、吉林省一等奖	王　玮	2013
29	以"一制三化""六维课堂"为核心的卓越动物医学人才培养模式构建与实践	吉林省教学成果一等奖	赖良学、饶家辉、王宏娟、柳巨雄、丁洪浩、贺文琦	2018

齐长庆（原卫生部兰州生物制品研究所长，中国现代生物制品学创始人）

谢成侠（南京农业大学教授，中国畜牧史和家畜繁殖学奠基人）

林启鹏（江西农业大学教授，家畜传染病学专家）

连文琳（南京农业大学，兽医内科学教授）

樊　璞（江西农业大学教授，兽医内科学专家）

邹万荣（新疆农业大学教授，兽医外科学专家）

倪有煌（安徽农业大学教授，兽医内科学专家）

周　正（江西农业大学教授，兽医药理学奠基人）

张荣臻（内蒙古农业大学教授，内蒙古自治区第五、六届人大常委会副主任）

路德民（原西北畜牧兽医研究所所长、研究员，甘肃省人民政府委员，兰州兽医研究所创始人之一）

黄惟一（北京农学院教授，养猪学专家）

邹　峰（江西农业大学教授，动物遗传标记学奠基人）

于　船（中国农业大学教授，现代中兽医学主要奠基人）

黄和瓒（新疆农业大学教授，兽医微生物学专家）

张春先（原军马卫生研究所研究员，全国劳模，共和国勋章获得者）

房晓文（农业部兽医生物药品监察所研究员，兽医微生物学专家）

韩有库（吉林农业大学教授，长春政协第五、六届委员会常委）

宋文成（原河南科技大学校长、教授，国家有突出贡献专家）

赵辉元（吉林兽医研究所教授，兽医寄生虫病学奠基人之一）

申葆和（中国农业大学教授，兽医药理学奠基人之一）

张鹤宇（中国农业大学教授，解剖学家、教育家）

骆春阳（江苏农学院教授，禽病学专家）

夏咸柱（军事医学科学院 11 所研究员、院士）

徐礼周（中国农业科学院上海家畜血吸虫病研究所研究员）

金宁一（军事医学科学院 11 所研究员、院士）

涂长春（军事医学科学院 11 所研究员、专业技术少将）

冯书章（军事医学科学院 11 所研究员、专业技术少将）

王省良（广州中医药大学教授、校长）

范泉水（成都军区联勤部 CDC 主任、专业技术少将）

唐博恒（广州军区军事医学研究所所长、专业技术少将）

邹全明（第三军医大学教授、专业技术少将）

杨焕民（黑龙江八一农垦大学教授、校长助理、龙江学者）

陈创夫（石河子大学副校长、教授，"973"首席科学家）

周继勇（南京农业大学动医学院院长、教授，杰青，长江学者）

李巨浪（加拿大 GUELPH 大学教授，国家自然基金委海外评
审专家）

胡胜德（东北农业大学教授）

崔玉东（黑龙江八一农垦大学教授、生命科技学院院长）

秦贵信（原吉林农业大学校长、教授）

钱爱东（吉林农业大学动物科技学院院长、教授）

马丽娟（吉林农业科技学院副院长、教授）

熊光明（德国基尔大学教授）

衣红岩（吉林省政府发展中心处长）

程世鹏（左家特产研究所书记、研究员）

陈立志（左家特产研究所科技处处长、研究员）

张守法（延边大学副书记、教授）

石建平（吉林进出口商品检验局动检处处长、研究员）

卫广森（辽宁省畜牧局副局长、教授）

周铁忠（辽宁医学院兽医学院院长）

李尚波（原辽宁益康生物股份有限公司董事长）

汤生玲（河北金融学院书记、教授）

李佩国（河北科技师范学院副院长、教授）

房　海（河北科技师范学院副院长、教授）

孙国权（内蒙古民族大学副校长、教授）

马德惠（内蒙古民族大学兽医学院院长、教授）

董常生（山西农业大学校长、教授）

毛振斌（北京市食品药品局副局长）

朱德生（北京大学实验动物中心教授）

胡仲明（军事医学科学院 11 所研究员、专业技术少将）

李德雪（军事医学科学院副院长、研究员、少将）

曾　林（军事医学科学院实验动物中心主任、研究员）

陈　华（解放军总医院实验动物中心主任、研究员）

刘维全（中国农业大学教授）

何宏轩（中国科学研究院动物所首席科学家）

周志江（天津大学教授）

马吉飞（天津农学院兽医学院院长、教授）

刘兴友（新乡学院院长、教授）

程相朝（河南科技大学动物科技学院院长、教授）

王选年（新乡学院副院长、教授）

夏平安（河南农业大学教授）

刘玉林（第四军医大学基础部教授）

张继瑜（兰州兽医兽药研究所所长、研究员）

侯顺利（兰州军区 CDC 研究员）

李连瑞（塔里木大学动物科技学院教授）

谢明星（厦门商检局研究员）

吴建敏（广西兽医研究所副所长、研究员）

孙金海（青岛农业大学动物科技学院教授）

刁有祥（山东农业大学动物科技学院教授）

陈炳波（第三军医大学实验动物中心主任、教授）

邓俊良（四川农业大学动物医院院长、教授）

孙颖杰（四川商检局局长、研究员）

唐雨德（南京军区医学研究所研究员）

朱国强（扬州大学兽医学院教授）

童光志（上海兽医研究所所长、研究员）

崔淑芳（第二军医大学实验动物中心主任、教授）

顾为望（南方医科大学实验动物中心主任、教授）

黎诚耀（南方医科大学生命科学学院副院长、教授）

张永亮（华南农业大学教务处处长、教授）

宣　华（广东兽医研究所首席科学家）

余兴龙（湖南农业大学兽医学院教授）

肖安东（湖南兽药监察所副所长、研究员）

尹革芬（云南农业大学兽医学院教授）

张富强（成都军区 CDC 研究员）

王玉炯（宁夏大学生命科学学院院长、教授）

杨永胜（美国 FDA 实验室主任）

蔡跃华（加拿大国家兽医实验室主任）

杨松柏（四川省内江市副书记、市长）

董光志（中国农业科学院上海兽医研究所所长、研究员）

毛振宾（原国家食品药品监督管理总局应急管理司司长）

陶增思 [（农业部新特兽药（化药）研究中心主任）]

张德礼（西北农林科技大学教授）

郑星道（吉林农业大学教授）

郝庆铭（山西农业大学教授）

秦成德（西京大学特聘教授）

杨自军（河南科技大学教授）

范作良（青岛农业大学教授）

吴庭才（河南科技大学教授）

周建华（中国农业科学院哈尔滨兽医研究所教授）

徐　阳（四川省巴中军分区司令员）

张中文（北京农学院教授）

杨玉成（河北省张家口市人民政府副市长）

尹清强（河南农业大学教授）

孙颖杰（四川省出入境检验检疫局局长、党组书记、研究员）

马德惠（内蒙古民族大学动物科技学院院长、教授）

陈　越（国家自然基金委纪检监察审计局局长）

陈振文（首都医科大学教授）

臧荣鑫（西北民族大学生命科学学院院长、教授）

周学章（宁夏大学教授）

刘晓民（宁夏大学教授）

彭双清（军事医学科学院研究员）

程远国（军事医学科学院研究员）

章金刚（军事医学科学院研究员）

王玉炯（宁夏大学生命科学学院院长、教授）

何洪彬（山东省农业科学院　研究员）

赵宝华（河北师范大学教务处副处长、教授）

余兴龙（湖南农业大学教授）

李红卫（南方医科大学研究员）

余　春（解放军军犬基地疾病研究室主任）

古长庆 [军事医学科学院卫生学环境医学研究所（天津）研究员]

衣洪岩（吉林省政府发展研究中心处长）

李艳飞（东北农业大学教授）

高　利（东北农业大学动物医学学院副院长、教授）

仝忠喜（河南农业大学教授）

朱连勤（青岛农业大学教务处处长、教授）

杨春梅（兰州军区联勤部军事医学研究所疾病监测中心主任医师）

许小琴（扬州大学兽医学院教授）

高建邦（解放军 208 医院泌尿外科主任、主任医师）

安铁洙（东北林业大学教授）

潘兴华（昆明总医院干细胞中心主任、教授）

薄清如（珠海出入境检验检疫局检验检疫技术中心副主任）

顾万军（佛山市科学技术学院生命科学学院教授、党委书记）

金天明（天津农学院动物科学与动物医学学院副院长、教授）

王谦滨（青岛检验检疫局副局长、高级政工师）

唐　萌（新疆维吾尔自治区畜牧厅科教处副处长、高级畜牧师）

马吉飞（天津农学院动物科学与动物医学学院院长、教授）

李士泽（黑龙江八一农垦大学食品学院院长、教授）

于长青（黑龙江八一农垦大学组织部部长、教授）

付世新（黑龙江八一农垦大学动物科技学院教授）

陈志宝（黑龙江八一农垦大学生命科学技术学院书记、教授）

倪洪波（黑龙江八一农垦大学动物科技学院副院长、教授）

夏　成（黑龙江八一农垦大学动物科技学院兽医院院长、教授）

郑　鑫（吉林农业大学动物科技学院教授）

杨连玉（吉林农业大学动物科技学院教授）

姜怀志（吉林农业大学动物科技学院教授）

杜　锐（吉林农业大学研究生院院长、教授）

赵　权（吉林农业大学动物科技学院教授）

尹秀玲（河北北方学院动物科技学院教授）

苏正昌（美国北卡罗来纳大学教授）

张海旺（河北北方学院动物科技学院院长、教授）

梁俊荣（河北北方学院动物科技学院教授）

魏　东（河北北方学院动物科技学院教授）

李　鹏（黑龙江八一农垦大学动物科技学院教授）

朱占波（黑龙江八一农垦大学动物科技学院教授）

娄高明（韶关学院英东动物疫病研究所所长、教授）

王乃谦（福建龙岩市委常委、军分区政委）

刘洪英（大同市公安局网监支队支队长）

许崇波（大连大学生物工程学院副院长、教授）

翟振刚（美国缅因州外巴海湾市 JAEKSON 实验室高级研究员）

金卫东（禾丰集团董事长）

刘锡光（美国纽约动物医学中心教授）

朱明哲（海军军医大学政委、少将）

俞太尉（上海市出入境检验检疫局局长、党组书记）

巩怀俊（解放军总后勤部卫生部研究员）

李文胜（解放军总后勤部卫生部卫生防疫队大队长）

李　江（原成都军区联勤部卫生部部长）

宋世佩（火箭军疾病预防控制中心研究员）

王大鹏（海军总医院研究员）

吴承魁（解放军军事医学科学院研究员）

刘春杰（解放军军事医学科学院研究员）

王　引（广东十大杰出企业家）

王谦滨（青岛检验检疫局副局长）

石建平（吉林省出入境检验检疫局副局长）

郑明顺（牡丹江师范学院教授）

陈启军（沈阳农业大学校长）

刘　军（海军军医大学校长、少将）

高玉伟（军事兽医研究所所长、研究员）

闫　森（暨南大学粤港澳中枢神经再生研究院研究员）

孙岩松（军事医学研究院微生物流行病研究所所长、研究员）

刘　军（海军军医大学校长）

马家好（广州利洋水产股份有限公司董事长）

陆家海（中山大学公共卫生学院教授）

郑海发（北京民海生物科技有限公司 CEO）

柳建军（新疆军区总医院院长）

吴太甲（全军优秀基层干部、全军劳动模范）

王景林（军事科学院军事医学研究所研究员）

吴　英（原商业部商检处处长、原兽医食品卫生学分会理事长）

刘纯杰（军事医学科学院生物工程研究所研究员）

向　华（仲凯农业工程学院动物科学学院研究员）

娄淑杰（上海体育学院运动科学学院教授）

董文其（南方医科大学生物技术学院研究员）